你若不勇敢谁替你坚强

思履　编著

图书在版编目（CIP）数据

你若不勇敢谁替你坚强 / 思履编著. -- 长春：吉林文史出版社, 2019.2（2019.8重印）

ISBN 978-7-5472-5856-9

Ⅰ. ①你… Ⅱ. ①思… Ⅲ. ①女性心理学–通俗读物 Ⅳ. ①B844.5-49

中国版本图书馆CIP数据核字(2019)第022059号

你若不勇敢谁替你坚强

出 版 人　孙建军
编 著 者　思　履
责任编辑　弭　兰　张　蕊
封面设计　韩立强
出版发行　吉林文史出版社有限责任公司
地　　址　长春市人民大街4646号
网　　址　www.jlws.com.cn
印　　刷　天津海德伟业印务有限公司
版　　次　2019年2月第1版　2019年8月第2次印刷
开　　本　880mm×1230mm　1/32
字　　数　193千
印　　张　8
书　　号　ISBN 978-7-5472-5856-9
定　　价　38.00元

前 言

山有巅峰，也有低谷；水有深渊，也有浅滩。人生之路也一样，我们每个人都想一帆风顺，然而，一些意想不到的痛苦、挫折、失败总会猝不及防地袭来，让我们时而身处波峰，时而沉入谷底。人生难免遇到危险与陷阱，但你若不勇敢，谁又能替你坚强呢？

不是每段路，都有人在身边默默地陪伴；不是每个难题，都有人及时伸出援手……指望在某一个人的身后永远地躲风避雨，几乎成了一种奢望。纵然真的有那么一个人愿意为你遮风挡雨，可谁也不敢保证，当突如其来的风暴降临时，他或她，是否还在你身边？要真正强大起来，总得捱过一段没有人帮忙、没有人支持的日子。不要抱怨那些痛苦，只要咬着牙撑过去，从每一份痛苦中汲取生命的养分，内心就会开出坚强的花。不要怨恨命运，指责它忘记了厚爱你，你要知道，世间没有与生俱来的幸运，唯有努力扇动隐形的翅膀，穿过所有的阴霾和阻挠，才能在阳光下翩翩起舞。

莎士比亚曾说："患难可以试验一个人的品格；非常的境遇方可显出非常的气节。风平浪静的海面，所有船只都可以齐驱竞胜；命运的铁拳击中要害的时候，只有大勇大智的人才能够处之泰然。"一个人，在遭遇磨难时如果还能用奋斗的英姿与之对抗，他的人生就是精彩的。其实，"痛苦"本不是一件坏事，其背后镌刻着的是勇敢和坚强。

人可以脆弱，但绝不能懦弱。面对命运的打击和挑战，面对别人的流言蜚语，你应该做的不是哭泣，而是坚强和勇敢，保持清醒冷静的头脑，坦然面对生活，从容面对现实。只有这样，我们才有希望演绎出辉煌的成就和个性的自我，才能成为一个无坚不摧的人！生命是一次次蜕变的过程，唯有经历各种各样的磨难，才能让蜕变得以实现，才能增加生命的厚度。面对挫折和打击，我们要积极地选择方法，放弃自怜自艾，做一名生活的勇者；停止自暴自弃，做一个人生的强者。在困境中忍耐着、坚持着，当走过黑暗与苦难的长长隧道后，你或许会惊奇地发现，平凡如沙粒的你，不知不觉中，已长成了一颗珍珠。

其实，不怕千万人阻挡，只怕你自己投降。我们有时候经常被生活打败，即使有一千个理由让我们暗淡消沉，我们也必须一千零一次地选择坚强面对，没有什么天生的好命，只有咬紧牙奋斗。都是一样的人，都会面临一样多的问题，回头望去，谁不是一路的血迹斑斑？生活所给予的，最终没有什么是不能被接受的。人应当配得上自己所经受的苦难。痛苦的时候就哭泣，但是别逃避；忧伤的时候可以脆弱，但是别放弃；寒冷的时候自己取暖，但是别绝望；撑不过去的时候抬头望天，但是别倒下。写出《少年派的奇幻漂流》的扬·马特尔说："无论生活以怎样的方式向你走来，你都必须接受它，尽可能地享受它。"我们每个人都走在一条满是荆棘的路上，我们跌跌撞撞、满身泥泞、受伤流血、痛哭流涕，我们看见了生活的真相，却依旧奋力前行。因为没有什么可以轻易把人打动，除了内心深沉的爱；也没有什么可以轻易把人打倒，除了放弃的自己。

人生有多残酷，你就该有多坚强。人的生命就像洪水奔流，不遇到岛屿、暗礁，便难以激起美丽的浪花。罗曼·罗兰认为："痛苦这把利刃，一方面割破你的心，一方面掘出了生命新的水源。""人生自古多磨难，有谁相安过百年。"生命的承受能力，其实远远超过我们自己的想象。请相信，人这一生可以重生无数次，在生命的历程中我们会不断被打倒、撕裂、抽空，却又能恢复元气，坚定地站起，勇敢地前行。伤了，咬紧牙关；痛了，撑起腰杆。人生，在眼泪中微笑，才多姿；生命，在坚强中微笑，才精彩！

谁的生活不曾有崎岖坎坷，谁的人生不曾有困难挫折？既然不能逃脱人生前进途中必经的磨难，那我们就要牢牢地拥有一颗百折不挠的心。更请你相信，"天下没有白受的苦"，人生中的种种考验终会过去，如同落花一般化为春泥，会孕育出加倍丰盛、美妙的生命！

目 录

第一章

世界非你所愿，却理所当然

人生没有绝对的公平，只有相对公平

在现实中，我们难免要遭遇挫折与不公正的待遇，每当这时，有些人往往会产生不满，不满通常会引起牢骚，希望以此引起更多人的同情，吸引别人的注意力。从心理角度上讲，这是一种正常的心理自卫行为。但这种自卫行为同时也是许多人心中的痛，牢骚、抱怨会削弱责任心，降低工作积极性，这几乎是所有人为之担心的问题。

通往成功的征途不可能一帆风顺，遭遇困难是常有的事。事业的低谷、种种的不如意让你仿佛置身于荒无人烟的沙漠，没有食物也没有水。这种漫长的、连绵不断的挫折往往比那些虽巨大却可以速战速决的困难更难战胜。在面对这些挫折时，许多人不是积极地去找一种方法化险为夷，绝处逢生，而是一味地急躁，抱怨命运的不公平，抱怨生活给予的太少，抱怨时运的不佳。

奎尔是一家汽车修理厂的修理工，从进厂的第一天起，他就开始喋喋不休地抱怨，“修理这活太脏了，瞧瞧我身上弄的”，“真累呀，我简直讨厌死这份工作了”……每天，奎尔都在抱怨和不满的情绪中度过。他认为自己在受煎熬，在像奴隶一样卖苦力。因此，奎尔每时每刻都窥视着师傅的眼神与行动，稍有空隙，他便偷懒耍滑，应付手中的工作。

转眼几年过去了，当时与奎尔一同进厂的3个工友，各自凭着精湛的手艺，或另谋高就，或被公司送进大学进修，独有奎尔，仍旧在抱怨中做他讨厌的修理工。

抱怨的最大受害者是自己。生活中你会遇到许多才华横溢的失业者，当你和这些失业者交流时，你会发现，这些人对原有工作充满了抱怨、不满和谴责。要么就怪环境条件不够好，要么就怪老板有眼无珠，不识才……总之，牢骚一大堆，积怨满天飞。殊不知这就是问题的关键所在——吹毛求疵的恶习使他们丢失了责任感和使命感，只对寻找不利因素兴趣十足，从而使自己发展的道路越走越窄。他们与公司格格不入，变得不再有用，只好被迫离开。如果不相信，你可以立刻去询问你所遇到的任何 10 个失业者，问他们为什么没能在所从事的行业中继续发展下去，10 个人当中至少有 9 个人抱怨旧上级或同事的不是，绝少有人能够认识到，自己之所以失业的真正的原因在于自己。

提及抱怨与责任，有位企业领导者一针见血地指出：“抱怨是失败的一个借口，是逃避责任的理由。爱抱怨的人没有胸怀，很难担当大任。”仔细观察任何一个管理健全的机构，你会发现，没有人会因为喋喋不休的抱怨而获得奖励和提升。这是再自然不过的事了。想象一下，船上水手如果总不停地抱怨：这艘船怎么这么破，船上的环境太差了，食物简直难以下咽，以及有一个多么愚蠢的船长……这时，你认为，这名水手的责任心会有多大？对工作会尽职尽责吗？假如你是船长，你是否敢让他做重要的工作？

如果你受雇于某个公司，就发誓对工作竭尽全力、主动负责吧！只要你依然还是整体中的一员，就不要谴责它，不要伤害它，否则你只会诋毁你的公司，同时也断送了自己的前程。如果你对公司、对工作有满腹的牢骚无从宣泄时，做个选择吧。一是选择离开，到公司的门外去宣泄，当你选择留在这里的时候，就应该做到在其位谋其政，全身心地投入到工作上来，为更好地完成工作而努力。记住，这是你的责任。

一个人的发展往往会受到很多因素的影响，这些因素有很多是自己无法把握的，工作不被认同、才能不被发现、职业发展受挫、上司待人不公、别人总用有色眼镜看自己……这时，能够拯救自己走出泥潭的只有忍耐。比尔·盖茨曾告诫初入社会的年轻人："社会是不公平的，这种不公平遍布于个人发展的每一个阶段。"在这一现实面前，任何急躁、抱怨都没有益处，只有坦然地接受现实并战胜眼前的痛苦，才能使自己的事业有进一步发展的可能。

生命中的痛苦是盐，它的咸淡取决于盛它的容器

每个人的生命都是完整的。你的身体可能有缺陷或者残缺，但你仍然可以拥有一个完整的人生和幸福的生活。这才是对待生命的正确态度。

1967 年的夏天，对于美国跳水运动员乔妮来说是一段伤心的日子，她在一次跳水事故中身负重伤，全身瘫痪，只剩下脖子以上可以活动。

乔妮哭了，她躺在病床上彻夜难眠。她怎么也摆脱不了那场噩梦，跳板为什么会滑？为什么她会恰好在那时跳下？不论家人怎样劝慰，她总认为命运对她实在不公。出院后，她叫家人把她推到跳水池旁，注视着那蓝盈盈的水面，仰望那高高的跳台。她再也不能站立在光洁的跳板上了，那温柔的水再也不会溅起朵朵美丽的水花拥抱她了，她又掩面哭了起来。从此她被迫结束了自己的跳水生涯，离开了那条通向跳水冠军领奖台的路。

她曾经绝望过，但现在，她拒绝了死神的召唤，开始冷静思索人生意义和生命的价值。她借来许多介绍前人如何成才的书籍，一

本一本认真地读了起来。她虽然双目健全，但读书也是很艰难的，只能靠嘴衔根小竹片去翻书，劳累、伤痛常常迫使她停下来。休息片刻后，她又坚持读下去。通过大量的阅读，她终于领悟到：我是残疾了，但许多人残疾了之后，却在另外一条道路上获得了成功，他们有的成了作家，有的创造了盲文，有的创造出美妙的音乐，我为什么不能？于是，她想到了自己中学时代喜欢画画。我为什么不能在画画上有所成就呢？这位纤弱的姑娘变得坚强、自信起来了。她捡起了中学时代曾经用过的画笔，用嘴衔着，开始了练习。

这是一个常人难以想象的艰辛过程。家人担心她累坏了，于是纷纷劝阻她：“乔妮，别那么死心眼了，哪有用嘴画画的，我们会养活你的。”可是，他们的话反而激起了她学画的决心，“我怎么能让家人一辈子养活我呢？”她更加刻苦了，常常累得头晕目眩，甚至有时委屈的泪水把画纸也淋湿了。为了积累素材，她还常常乘车外出，拜访艺术大师。好些年头过去了，她的辛勤劳动没有白费，她的一幅风景油画在一次画展上展出后，得到了美术界的好评。后来，乔妮决心涉足文学。她的家人及朋友们又劝她了，“乔妮，你绘画已经很不错了，还搞什么文学，那会更苦了你自己的”。她没有说话，想起一家刊物曾向她约稿，要谈谈自己学绘画的经过和感受，她用了很大力气，可稿子还是没有完成，这件事对她刺激太大了，她深感自己写作水平差，必须一步一个脚印地去学习。

这是一条通向光荣和梦想的荆棘路，虽然艰辛，但乔妮仿佛看到艺术的桂冠在前面熠熠闪光，等待她去摘取。

是的，这是一个很美的梦，乔妮要圆这个梦。终于，又经过许多艰辛的岁月，这个美丽的梦终于成了现实。1976 年，她的自传《乔妮》出版并轰动了文坛，她收到了数以万计的热情洋溢的信。又两年过去了，她的《再前进一步》一书又问世了，该书以作者的亲身经历，告诉所有的残疾人，应该怎样战胜病痛，立志成才。后来，这本书被搬上了银幕，影片的主角就是由她自己扮演，她成了青年们的偶像，成了千千万万个青年自强不息、奋进不止的榜样。

乔妮是好样的，她用自己的行动向我们说明了这样一个道理：你的生命没有残缺，无论你的命运面临怎样的困厄，它们也丝毫阻止不了你实现自己的人生价值，相反，它们会成为你人生道路中一笔宝贵的精神财富。

要么庸俗，要么孤独

成就大业者在其创业初期，都是能耐得住寂寞的，古今中外，概莫能外。门捷列夫的化学元素周期表的诞生，居里夫人的镭元素的发现，陈景润在哥德巴赫猜想中摘取的桂冠等，都是他们在寂寞、单调中扎扎实实做学问，在反反复复的冷静思索和数次实践中获得的成就。每个人一生中的际遇肯定不会相同，然而只要你耐得住寂寞，不断充实、完善自己，当际遇向你招手时，你就能很好地把握，获得成功。有“马班邮路上的忠诚信使”称号的王顺友就是这样一个甘于寂寞、耐得住寂寞的人。

王顺友，四川省凉山彝族自治州木里藏族自治县邮政局投递员，全国劳模，2007年“全国道德模范”的获得者。他一直从事着一个人、一匹马、一条路的艰苦而平凡的乡邮工作。邮路往返里程360公里，月投递两班，一个班期为14天，22年来，他送邮行程达26万多公里，相当于走了21个二万五千里长征，相当于围绕地球转了6圈！

王顺友担负的马班邮路，山高路险，气候恶劣，一天要经过几

个气候带。他经常露宿荒山岩洞、乱石丛林，经历了被野兽袭击、意外受伤乃至肠子被骡马踢破等艰难困苦。他常年奔波在漫漫邮路上，一年中有330天左右的时间在大山中度过，无法照顾多病的妻子和年幼的儿女，却没有向上级单位提出过任何要求。

为了排遣邮路上的寂寞和孤独，娱乐身心，他自编自唱山歌，其间不乏精品，像《为人民服务不算苦，再苦再累都幸福》，等等。为了能把信件及时送到群众手中，他宁愿在风雨中多走山路，改道绕行以方便沿途群众。他还热心为农民群众传递科技信息、致富信息，购买优良种子。为了给群众捎去生产生活用品，王顺友甘愿绕路、贴钱、吃苦，受到群众的交口称赞。

20余年来，王顺友没有延误过一个班期，没有丢失过一个邮件，没有丢失过一份报刊，投递准确率达到100%，为中国邮政的普遍服务做出了最好的诠释。

王顺友是成功的，因为他耐住了寂寞，战胜了自己。耐得住寂寞，是所有成就事业者共同遵循的一个原则。它以踏实、厚重、沉思的姿态作为特征，以严谨、严肃、严峻的面目，追求着一种人生的目标。当这种目标价值得以实现时，仍不喜形于色，而是以更寂寞的人生态度去探求实现另一奋斗目标的途径。而浮躁的人生是与之相悖的，它以历来不甘寂寞和一味追赶时髦为特征，有着一种强烈的功利主义驱使。浮躁的向往，浮躁的追逐，只能产出浮躁的果实。这果实的表面或许是绚丽多彩的，却并不具有实用价值和交换价值。

耐得住寂寞是一种难得的品质，不是与生俱来，也不是一成不变，它需要长期的艰苦磨炼和凝重的自我修养、完善。耐得住寂寞是一种有价值、有意义的积累，而耐不住寂寞是对宝贵人生的挥霍。

一个人的生活中总会有这样那样的挫折，会有这样那样的机遇，只要你有一颗耐得住寂寞的心，用心去对待、去守望，成功就一定会属于你。

不只是你从贫穷中长大

穷人看到有的人大富大贵，以为他们很幸福，但是有钱人心里不一定痛快。有的人，别人看他离幸福很远，他自己却时时与快乐邂逅。我们虽然无法改变自己目前的境况，但我们可以改变自己创造未来的心态。没了工作不要紧，但不能没有快乐，如果连快乐都失去了，那人生将是一片黑暗而没有边际的森林。快乐是人的天性的追求，开心是生命中最顽强、最执着的律动。

在贫穷面前，我们不必抬不起头，金钱给予我们的只是我们所需要的一小部分，我们还有很多值得追求的东西，物质上的贫穷并不代表人生的贫乏。而且贫困往往只是眼下的，因为你永远有选择现在就动手改变的机会。

贫穷与暂时的负债对懦弱的人会产生一股强大的摧毁力，而意志坚定的人却认为是对自己的磨炼。

拿破仑是科西加人，他的父亲虽很高傲，但是手头非常拮据。幼时，他父亲令他进入贝列思贵族学校。校中的同学大都恃富而骄，讥讽家境清寒的同学，所以拿破仑常受同学们的欺侮。他起初逆来顺受，竭力抑制自己的愤怒，但同学们的恶作剧愈演愈甚，他终于忍无可忍，于是函请父亲准他转学，希望脱离这可怕的环境。可是他的父亲来信回复他说："你仍须留在校中读书。"他不得已，只能忍受，饱尝了5年的痛苦。他每次遇到同学们的侮辱性的嘲

弄，不但没有意志消沉，反而增强了他的决心，准备将来战胜这些卑鄙的纨绔子弟。

当拿破仑16岁任少尉的那年，父亲不幸去世，在他微薄的薪俸中，尚需节省一部分钱来赡养他的母亲。那时，他又接受差遣，须长途跋涉，到凡朗斯的军营服役。到了部队，眼见伙伴们大都把闲余的光阴虚掷在狂嫖滥赌上，拿破仑知道自己绝不会和他们一样。他想要甩掉这顶贫穷的帽子，改变自己的命运。好在他尚不具有翩翩的风度，无从追求女人；囊中羞涩，更不能使他有一掷千金的豪兴。他把他闲余的光阴，全放在读书上。他早有了理想的目标，他在艰苦的环境中埋首研习，数年的工夫，积下来的笔记后来整理出来，竟有四大箱子。

这时，他已设想他自己是一个总司令，他绘制了科西加岛的地图，并将设防计划罗列图上，根据数学的原理，精确计算。于是，他崭露头角，为长官所赏识，派他担任重要的工作，从此青云直上。其他的人对他的态度大大改观，从前嘲笑他的人，反而接受他指挥，奉承唯恐不及；轻视他的人，也以受他稍一顾盼为荣；揶揄他是一个迂儒、毫无出息的人，也对他虔诚崇拜。

拿破仑的成功，固然是因为他的天才和学识修养，但最重要的还是他的坚强的意志。他的意志，是在艰苦环境中磨砺出来的，假若他不受同学们难堪的侮辱，或他父亲允许他退学，不受冷酷无情的折磨，但如此一来不经历风雨，他也就可能不会成为世界上人人皆知的拿破仑皇帝。

困苦的环境，固然可以磨砺你的志气，但也可消沉你的志气。你如不战胜环境，环境便战胜你。你因为受了冷酷无情的打击，便妄自菲薄，以为前途绝无希望，听任命运的摆布，那么你的结局与命运将无声无息。

而拿破仑绝不是这样，他认为世界上没有不可改造的环境，尽力战胜先天的缺憾，不退却，不放纵。

与其把大好的时间和精力放在为“钱”的忧虑上，还不如打点行装、振作精神去为赚钱而做好准备，用良好的心态开创光明的前程。

学会放弃，便是学会了成熟

人生就像一场旅行，在行程中，你会用心去欣赏沿途的风景，同时也会接受各种各样的考验，这个过程中，你会失去许多，但是，你同样也会收获很多，因为，失去是另一种获得。

有一位住在深山里的农民，经常感到环境艰险，难以生活，于是便四处寻找致富的好方法。

一天，一位从外地来的商贩给他带来了一样好东西，尽管在阳光下看去那只是一粒粒不起眼的种子。但据商贩讲，这不是一般的种子，而是一种叫作“苹果”的水果的种子，只要将其种在土壤里，两年以后，就能长成一棵棵苹果树，结出数不清的果实，拿到集市上，可以卖好多钱呢！

欣喜之余，农民急忙将苹果种子小心收好，但脑海里随即涌现出一个问题：既然苹果这么值钱、这么好，会不会被别人偷走呢？于是，他特意选择了一块荒僻的山野来种植这种颇为珍贵的果树。

经过近两年的辛苦耕作，浇水施肥，小小的种子终于长成了一棵棵茁壮的果树，并且结出了累累硕果。

这位农民看在眼里，喜在心中。嗯！因为缺乏种子的缘故，果树的数量还比较少，但结出的果实也肯定可以让自己过上好一点儿

的生活。

他特意选了一个吉祥的日子，准备在这一天摘下成熟的苹果，挑到集市上卖个好价钱。当这一天到来时，他非常高兴，一大早便上路了。

当他气喘吁吁爬上山顶时，心里猛然一惊，那一片红灿灿的果实，竟然被外来的飞鸟和野兽们吃了个精光，只剩下满地的果核。

想到这几年的辛苦劳作和热切期望，他不禁伤心欲绝，大哭起来。他的财富梦就这样破灭了。在随后的岁月里，他的生活仍然艰苦，只能苦苦支撑下去，一天一天地熬日子。不知不觉之间，几年的光阴如流水一般逝去。

一天，他偶然来到了这片山野。当他爬上山顶后，突然愣住了，因为在他面前出现了一大片茂盛的苹果林，树上结满了累累硕果。

这会是谁种的呢？他思索了好一会儿才找到了答案：这一大片苹果林都是他自己种的。

几年前，当那些飞鸟和野兽在吃完苹果后，就将果核吐在了旁边，经过几年的生长，果核里的种子慢慢发芽生长，终于长成了一片更加茂盛的苹果林。

现在，这位农民再也不用为生活发愁了，这一大片林子中的苹果足以让他过上幸福的生活。

从这个故事当中我们可以看出，有时候，失去是另一种获得。花草的种子失去了在泥土中的安逸生活，却获得了在阳光下发芽微笑的机会；小鸟失去了几根美丽的羽毛，经过跌打，却获得了在蓝天下凌空展翅的机会。人生总在失去与获得之间徘徊。没有失去，也就无所谓获得。

一扇门如果关上了，必定有另一扇门打开。你失去了一种东西，必然会在其他地方收获另一种东西。关键是，你要有乐观的心态，相信有失必有得，要舍得放弃，正确对待你的失去。

无法定义世界，那就学会接纳

一天，上帝突发奇想："假如让现在世界上的每一个生命再活一次，他们会怎样选择呢？"于是，上帝给世界众生发了一份问卷，让大家填写。

问卷收回后，令上帝大吃一惊，请看他们各自的回答——

猫："假如让我再活一次，我要做一只鼠。我偷吃主人一条鱼，会被主人打个半死。而老鼠呢，可以在厨房翻箱倒柜，大吃大喝，人们对它也无可奈何。"

鼠："假如让我再活一次，我要做一只猫。吃皇粮，拿官饷，从生到死由主人供养，时不时还有我们的同类给它打打牙祭，很自在。"

猪："假如让我再活一次，我要当一头牛。生活虽然苦点儿，但名声好。我们似乎是傻瓜懒蛋的象征，连骂人也都要说蠢猪。"

牛："假如让我再活一次，我愿做一头猪。我吃的是草，挤的是奶，干的是力气活，有谁给我评过功，发过奖？做猪多快活，吃罢睡，睡罢吃，肥头大耳，生活赛过神仙。"

鹰："假如让我再活一次，我愿做一只鸡，渴有水，饿有米，住有房，还受主人保护。我们呢，一年四季漂泊在外，风吹雨淋，还要时刻提防冷枪暗箭，活得多累！"

鸡："假如让我再活一次，我愿做一只鹰，可以翱翔天空，任意捕兔捉鸡。而我们除了生蛋、报晓外，每天还胆战心惊，怕被捉被宰，惶惶不可终日。"

最有意思的是人的答卷。

不少男人一律填写为：“假如让我再活一次，我要做一个女人，可以撒娇，可以邀宠，可以当妃子，可以当公主，可以当太太，可以当妻妾……最重要的是可以支配男人，让男人拜倒在石榴裙下。”

不少女人的答卷一律填写：“假如让我再活一次，一定要做个男人，可以蛮横，可以冒险，可以当皇帝，可以当王子，可以当老爷，可以当父亲……最重要是可以驱使女人。”

上帝看完，气不打一处来：“这些家伙只知道盲目攀比，太不知足了。”他把所有答卷全都撕碎，喝道：“一切照旧！”

真正的幸福来自于我们眼下所拥有的一切。幸福源自珍惜，生活不是攀比。

中国有句古老的话：“人比人，气死人。”同时亦有“知足常乐”的说法。人生的许多悲剧的产生，都是因为许多人不懂得珍惜，盲目将自己之短与他人之长作比较。如果希望获得快乐，就要学会爱自己。

《卧虎藏龙》里李慕白对师妹说的一句话：“把手握紧，什么都没有，但把手张开，就可以拥有一切。”在人生的旅途中，需要我们放弃的东西很多。古人云，鱼和熊掌不可兼得。如果不是我们应该拥有的，我们就要学会放弃。几十年的人生旅途，会有山山水水，风风雨雨，有所得也必然有所失，只有我们学会了放弃，我们才会拥有一份成熟，才会活得更加充实、坦然和轻松。

弱水三千，我却只取一瓢而饮。就好像人生，因为不能获得而增进了生活的乐趣，生活也因为得不到而越来越美丽。所以，我们要学会知足，学会在高处欣赏人生的美景。

如果为了没有鞋而哭泣，看看那些没有脚的人

有这样一句话："在这个世界上，你是自己最好的朋友，你也可以成为自己最大的敌人。"当你接受自己、爱自己时，你的心里就充满了阳光；而当你排斥自己、讨厌自己时，你的心灵就会覆盖冰雪。要知道，微不足道的一点儿烦恼也可以毁掉你的整个生活。

有一个富翁，为了教育每天精神不振的孩子知福惜福，便让他到当地最贫穷的村落住了一个月。一个月后，孩子精神饱满地回家了，脸上并没有带着"下放"的不悦，让富爸爸感到不可思议。爸爸想要知道孩子有何领悟，问儿子："怎么样？现在你知道，不是每个人都能像我们这样生活吧？"

儿子说："是的，他们过的日子比我们还好。

"我们晚上只有灯，他们却有满天星空。

"我们必须花钱才买得到食物，他们吃的却是自己的土地上栽种的免费粮食。

"我们只有一个小花园，对他们来说到处都是花园。

"我们听到的都是噪声，他们听到的都是自然音乐。

"我们工作时神经紧绷，他们一边工作一边大声唱歌。

"我们要管理用人、管理员工，他们只要管好自己。

"我们要关在房子里吹冷气，他们在树下乘凉。

"我们担心有人来偷钱，他们没什么好担心的。

"我们老是嫌菜不好，他们有东西吃就很开心。

"我们常常失眠，他们睡得好安稳。

"所以，谢谢你，爸爸。你让我知道，我们可以过得那么好。"

很多刚刚踏入社会的年轻人，无论思想还是为人处世，都有甚多不成熟的地方，却又敏感异常。他们希望事事做到完美，人人都能赞许他。但当这种想法不能实现时，他们就很轻易地陷入不如意的境地，觉得自己是全世界最倒霉的人了。

也许，你并不确切地了解自己幸运与否。没关系，这儿有一份专家们的“全球报告”，来细细地对照一下吧：

如果我们将全世界的人口压缩成一个100人的村庄，那么这个村庄将有：

57名亚洲人，21名欧洲人，14名美洲人和大洋洲人，8名非洲人；52名女人和48名男人；30名白人和70名非基督教徒；89名异性恋和11名同性恋；6人拥有全村财富的89%，而这6人均来自美国；80人住房条件不好；70人为文盲；50人营养不良；1人临终；1人正在出生；1人拥有电脑；1人(对，只有一人)拥有大学文凭。

如果我们从这种压缩的角度来认识世界，我们就能发现：

假如你的冰箱里有食物可吃，身上有衣可穿，有房可住，有床可睡，那么你比世界上75%的人更富有。

假如你在银行有存款，钱包里有现钞，口袋里有零钱，那么你属于世界上8%最幸运的人。

假如你父母双全没有离异，那你就是很稀有的地球人。

假如你今天早晨起床时身体健康，没有疾病，那么你比其他几千万人都幸运，他们甚至看不到下周的太阳。

假如你从未尝试过战争的危险、牢狱的孤独、酷刑的折磨和饥饿的煎熬，那么你的处境比其他5亿人更好。

假如你能随便进出教堂或寺庙而没有任何被恐吓、强暴和杀害的危险，那么你比其他30亿人更有运气。

假如你读了以上的文字，说明你就不属于20亿文盲中的一员，他们每天都在为不识字而痛苦……

看吧，我们原来这么幸运。只要肯用心去面对，用心去体会，我们当下拥有的，足以幸福一生了。

学会豁达一些，在盯着他人财富的同时，也细细清点一下自己的所有，你会发觉，自己的运气其实一点儿都不差。

真实的人生，在意料之外

在过去的岁月里，对你而言，或许是页页创痛的伤心史，在检阅过去的一切时，你也许会觉得你处处失败，一事无成。你热烈地期待着成功的事业却不能如愿，连你最近的亲戚朋友，甚至也要离弃你！你的前途，似乎是十分惨淡和黑暗！但是，虽有上述种种不幸，只要你不甘心永远屈服，胜利就会向你招手。

从古至今，有多少英雄豪杰因一次的挫折而一蹶不振，我们不能因他们的美名而去像他们一样经不起挫折。

人的一生不可能一帆风顺，遇到挫折和困难是难免的，你不可能一直处于顺境，一直处于辉煌，当你人生走到了“山”的顶峰必然会走下坡路，但要如何做到坦然面对、心态放平稳，对于我们才是最重要的。

在20世纪60年代初期，美国化妆品行业的“皇后”玫琳凯把她一辈子积蓄下来的5000美元作为全部资本，创办了玫琳凯化妆品公司。

为了支持母亲实现“狂热”的理想，两个儿子也“跳往助之”，

辞去了较好的工作，加入到母亲创办的公司中来，宁愿只拿250美元的月薪。玫琳凯知道，这是背水一战，是在进行一次人生中的大冒险，弄不好，不仅自己一辈子辛辛苦苦的积蓄将血本无归，而且还可能葬送两个儿子的美好前程。

在创建公司后的第一次展销会上，她隆重推出了一系列功效奇特的护肤品，按照原来的计划，这次活动会引起轰动，一举成功。但是，“人算不如天算”，整个展销会下来，她的公司只卖出去15美元的护肤品。

在残酷的事实面前，玫琳凯不禁失声痛哭，而在哭过之后，她反复地问自己：“玫琳凯，你究竟错在哪里？”

经过认真的分析，她及时调整了自己的不良心态，坦然地接受了这一切。最后终于悟出了一点：在展销会上，她的公司从来没有主动请别人来订货，也没有向外发订单，而是希望人们自己上门来买东西……难怪在展销会上落到如此地步。

于是她从第一次失败中站了起来。如今，玫琳凯化妆品公司已经发展成为一个国际性的公司，拥有一支20万人的推销队伍，年销售额超过3亿美元。

已经步入晚年的玫琳凯能创造如此奇迹，并不是上天的怜悯，而是她面对挫折时，坦然地接受了这一切，悟出一个好的想法并着手开始自己的行动，最后获得了巨大的成功。

要善于检验你人格的伟大力量，你应该常常扪心自问，在除了自己的生命以外，一切都已丧失了以后，在你的生命中还剩什么？即在遭受失败以后，你还有多大勇气？如果你在失败之后，从此一蹶不振，放手不干而自甘永久屈服，那么别人就可以断定，你根本算不上什么人物；但如果你能雄心不减、大步向前，不失望、不放弃，那么别人就可以断定，你的人格之高、勇气之大，是可以超过你的损失、灾祸与失败的。

无论你做了多少准备，有一点是不容置疑的：当你进行新的尝试时，你可能犯错误，无论你是作家，还是企业家，或者是运动员，只要不断对自己提出更高的要求，都难免失败。但失败并不是你的错，重要的是要从中吸取教训。

古人云："前事不忘，后事之师。"在克服挫败方面，我们的祖先已经给我们做出了太多的榜样。在社会竞争激烈的今天，挫折无处不在，若一时受挫而放大痛苦，将会终身遗憾。遭遇挫折，就当痛苦是你眼中的一粒尘埃，眨一眨眼，流一滴泪，就足以将它淹没；遭遇挫折就当它是一阵清风，让它在你耳旁轻轻吹过；遭遇挫折，就当它是一阵微不足道的小浪，不要让它在你心中激起惊涛骇浪；遭遇挫折，不要放大痛苦，擦一擦身上的汗，拭一拭眼中的泪，继续前进吧！

坎坷并非是苦难，而是财富

路如蛛网。

老人端坐蛛网中央。

远远地，一个黑点在网上移动。

渐渐地，近了，近了，老人看清，那是一个魁伟英俊、朝气勃勃的年轻人。年轻人着一身牛仔服，穿一双登山鞋，背一个旅行包，拄一根铁拐杖，正急急地向老人靠近。

年轻人来到老人面前，深深地鞠了一躬。

"老大爷，我要到山那边去，该走哪条路？"

老人缓缓地抬起右手，伸出三个指头，反问道："左、中、右

三条路，你想走哪一条？”

年轻人踌躇了一会儿，说：“左边。”

“左边的路坎坷不平！”

老人说完，闭上了眼睛。

年轻人二话没说，拄了拐杖，走了。

不知过了多久，年轻人又来到老人面前。

“老大爷，我必须到山那边去，但怎么也走不出那些坎坷，您老人家能告诉我出山的路吗？”

老人又缓缓地抬起右手，伸出三个指头：“左、中、右，你想走哪条路？”

“右边的。”年轻人声音很轻，似乎不好意思。

“右边的路，布满荆棘！”

老人说完，又闭上了眼睛。

年轻人呆呆地望了老人一会儿，拄着拐杖，一步一步地走了。

不知过了多久，年轻人再次来到老人面前。他放下背包，席地而坐，喘了几口粗气，才说：“老大爷，我一定要到山那边去，但走来走去，总是在原地打转，走不出迷惑的荆棘，您老人家能帮帮忙，告诉我出山的路吗？”

老人还是缓缓地抬起右手，伸出三个指头：“左、中、右，你想走哪一条路？”

“我想走一条平坦的路！”年轻人毫不犹豫地回答，脸上掠过一丝笑容。

“平坦的路是没有的啊！”老人说完，眼光却似乎充满了鼓励。

年轻人用沉思的眼光扫了老人一眼，似乎明白了老人的用意，背起背包，拄着拐杖，一步一步，坚定地向前走去。

人生本无坦途，在漫长的道路上，谁都难免遇上厄运和不幸。但生活的脚步不论是沉重，还是轻盈，我们从中不仅要品尝失败的痛苦，同时也应该学会享受收获与快乐。只要我们善于总结跌倒的教训，在哪里跌倒在哪里爬起来，告别迷惘的昨天，珍惜美好的今天，微笑着面对明天，充满信心展望更加灿烂的后天。不管是从辉煌成功中走出，还是在失败中奋起，漫漫人生路，踏平坎坷成大道，才是我们不懈的追求。

一家公司的主管，在一次培训课上用一幅图诠释了一个人生寓意。

他首先在黑板上画了一幅图：在一个圆圈中间站着一个人。接着，他在圆圈的里面加上了一座房子、一辆汽车、一些朋友。

主管说："这是你的舒服区。这个圆圈里面的东西对你至关重要：你的住房、你的家庭、你的朋友，还有你的工作。在这个圆圈里面，人们会觉得自在、安全，远离危险或争端。现在，谁能告诉我，当你跨出这个圈子后，会发生什么？"

教室里顿时鸦雀无声，一位积极的学员打破沉默："会害怕。"

另一位说："会出错。"

这时，主管微笑着说："当你犯错误了，其结果是什么呢？"

最初回答问题的那名学员大声答道："我会从中学到东西。"

主管说："是的，你会从错误中学到东西。当你离开舒服区以后，你学到了你以前不知道的东西，你增加了自己的见识，所以你进步了。"

主管再次转向黑板，在原来那个圈子之外画了个更大的圆圈，还加上些新的东西，包括更多的朋友、一座更大的房子等等。

"如果你总是在自己的舒服区里打转，你就永远无法扩大你的

视野，永远无法学到新的东西。只有当你跨出舒服区以后，你才能使自己人生的圆圈变大，你才能把自己塑造成一个更优秀的人。”主管说道。

的确，在这个世界上，没有一成不变的环境与事物，每个人随时随地可能都需要转换生存方式、生存环境、生存角色、生存意识。如果始终拘泥于一种思考方式、一个固定的位置，就会成为井底之蛙，看不到更广阔的空间，得不到更长远的发展。

人类科学史上巨人爱因斯坦，在报考瑞士联邦工艺学校时，竟因3科不及格落榜，被人嘲笑为“低能儿”。被誉为“东方卡拉扬”的日本著名指挥家小泽征尔，在初出茅庐的一次指挥演出中，曾被中途“轰”下场来，紧接着又被解聘。为什么厄运没有摧垮他们？因为他们眼里始终把坎坷看作人生的轨迹，是人生的一种磨炼。假如他们没有当时的厄运和无奈，也许就没有日后绚丽多彩的人生。

世上有许多的事情是难以预料的。成功伴随着失败，失败伴随着成功。面对成功或荣誉，不要狂喜，也不要盛气凌人，把功名利禄看轻些，看淡些；面对挫折或失败，要像爱因斯坦、小泽征尔那样，不要忧伤，更不要自暴自弃，把厄运羞辱看远些，看开些。

漫长的人生道路上，难免会有得意与失落的时候，十年河东，十年河西，在困难到来的时候，不需要你拼命地往前去冲，只要你别向后退缩，咬着牙挺过去，把手头的事做好了，幸福也就不远了。

人生本无坦途，太顺利了未必就是一件好事，人的一生，既要享受生活带给你的幸福，也要能承受生活带给你的磨难。生活是一把双刃剑，穷有穷的开心，富也有富的烦恼。重要的是你的心态，心态不好你的快乐就会很少，心态好了快乐就会随时在你身边。

在通向成功的人生道路上布满了荆棘，充满数不清的艰难、困苦、辛酸与煎熬。人世间的风风雨雨，就是这个世界赐予我们的智慧，一个人越是经风雨见世面，他的阅历就越广，阅历越广，大脑开发的程度就越高，大脑的开发程度越高，拥有的智慧就越多。

踏平坎坷是坦途，一个人一生中的坎坷，不是苦难，而是财富。每一个挫折与失败，都是一次痛苦的记忆和教训，但也是灯塔、航标，是未来人生路上的指南针。

无论是面对逆境，还是一直走在坦途上，只有怀着积极心态的人，才能不断地超越自己，才能在未来世界的发展之中立于不败之地。因此，我们每个人都要勇于更新自己的思维方式，转换自己的生存状态，调整自己的前进步伐。

没有一种成功不需要磨砺

汤姆在纽约开了一家玩具制造公司，另外在加利福尼亚和底特律设了两家分公司。

20世纪80年代，他瞄准了一个极具潜力的市场产品——魔方，开始生产并投放市场，市场反馈非常好。于是，汤姆决定大批量生产，两个公司几乎所有的资金和人力都投入进来。谁知，这个时候，亚洲的市场已经由日本一家玩具生产厂家占领。等汤姆厂家生产的魔方投放亚洲市场，市场已经饱和！再往欧洲试销，也饱和。汤姆慌了，立即决定停止生产，但已经晚了，大批的魔方堆积在仓库里。特别是两个分公司，资金几乎完全积压，又要腾出仓库来堆放新产品，汤姆的生意在底特律和加州大大受挫。汤姆无奈之下，决定从加州和底特律撤出来，只保留总部，他的财务已经无法支撑太大的架子。

这是汤姆第一次输掉了一局。

不久，汤姆的财力恢复，于是，在亚洲设了一个分厂，开坏机

亚洲市场来了。但好景不长，汤姆的亚洲市场化为灰烬。正逢美国玩具工人大罢工，汤姆处于风雨飘摇中的玩具公司立即破产，他血本无归。

汤姆又一次输了！

汤姆总结了自己失败的原因，萌发了一个庞大的计划。他向银行贷了一笔资金，再度开创一家玩具厂。经过周密计划，严谨的市场调研和销售分析，他立即决定生产脚踏车，他要在日本厂商打进欧美市场之前重拳出击。他一炮打响，美洲市场被他的厂家占领，欧洲市场的厂家也占有优势。两年后，因为脚踏车市场已近饱和，汤姆又决定停止生产，开发另一种产品。

这次汤姆胜了，并且赢了全局！

从这个故事中，我们不难发现：雄鹰的展翅高飞，是离不开最初的跌跌撞撞的。“不经一番寒彻骨，哪得梅花扑鼻香。”要想让自己成为一个有所作为的人，我们就要有吃苦的准备，人总是在挫折中学习，在苦难中成长。

我们每个人都会面临各种机会、各种挑战、各种挫折。成功不是一个海港，而是一个埋伏着许多危险的旅程，人生的赌注就是在这次旅程中要做个赢家，成功永远属于不怕失败的人。

每个人的一生，总会遇上挫折。相信困难总会过去，只要不消极，不坠入恶劣情绪的苦海，就不会产生偏见、误入歧途，或一时冲动破坏大局，或抑郁消沉，振作不起来。

其实在人生的道路上，谁都会遇到困难和挫折，就看你能不能战胜它，战胜了，你就是英雄，就是生活的强者。某种意义上说，挫折是锻炼意志、增强能力的好机会，不要一经挫折就放弃努力，只要你不断尝试，就随时可能成功。

如果你在挫折之后对自己的能力发生了怀疑，产生了失败情绪，就想放弃努力，那么你就已经彻底失败了。挫折是成功的法宝，它能使人走向成熟，取得成就，但也可能破坏信心，让人丧失斗志。对于挫折，关键在于你怎么对待。

爱马森曾经说过：“伟大高贵人物最明显的标志，就是他坚韧的意志，不管环境如何恶劣，他的初衷与希望不会有丝毫的改变，并将最终克服阻力达到所企望的目的。”每个人都有巨大的潜力，因此当你遇到挫折时要坚持，充分挖掘自己的潜力，才能使自己离成功越来越近。

跌倒以后，立刻站立起来，不达目的，誓不罢休，向失败夺取胜利，这是自古以来伟大人物的成功秘诀。不要惧怕挫折，挫折是成功的法宝，在一个人输得只剩下生命时，潜在心灵的力量还有多少？没有勇气、没有拼搏精神、自认挫败的人的答案是零，只是坚持不懈的人，才会在失败中崛起，奏出人生的乐章。

世界上有许多人，尽管他们失去了拥有的全部资产，但是他们并不是失败者，他们依旧有着坚忍不拔的精神，有着不可屈服的意志，凭借这种精神和意志，他们依旧能够走向成功。

温特·菲力说：“失败，是走上更高地位的开始。真正的伟人，面对种种成败，从不介意；无论遇到多么大的失望，绝不失去镇静，只有他们才能获得最后的胜利。”

在漫漫旅途中，失意并不可怕，受挫折也无须忧伤。只要心中的信念没有萎缩，只要自己的季节没有严冬，即使凄风厉雨，即使大雪纷飞。艰难险阻是人生对你的另一种形式的馈赠，坑坑洼洼也是对你意志的磨炼和考验。落叶在晚春凋零，来年又是灿烂一片；黄叶在秋风中飘落，春天又将焕发出勃勃生机。

第二章

世态炎凉，我心不凉

日子难过，更要认真地过

当你埋怨被苦日子折磨时，你是否想过，其实这境遇只是由于你不认真对待生活造成的呢？日子难过，更要认真地过。有个学者说过：“人生的棋局，只有到了死亡才会结束，只要生命还存在，就有挽回棋局的可能。”

生活拮据，日子难过，大部分人的生活都过得很辛苦。但是，在你埋怨苦日子折磨人的时候，不妨仔细想想，在这些难过的日子当中，你认真生活了几天？

地铁上，两个年纪40岁左右的女人在说话，一个说：“这日子真的是没法过下去了，我真是再也受不了了。他居然跟我说要把房子卖了，你想想，把房子卖了我们住到哪里去啊？没想到跟了他这么多年，现在居然落到这样的地步。”

另一个说：“那不行啊，就算是把房子卖了，这样下去也是坐吃山空，还是要想办法让他出去工作才行。”

“谁说不是呢？！可是他要是肯听我的就好了。现在他什么朋友都没有，什么人也不愿意见，整天待在家里，孩子也怕他，他随时都会发火，我都烦死了。这样的日子难过死了，死了倒还痛快了。”

“唉……”

原来这个家里的男主人，下岗了之后也找过几个工作，但做了一段时间都不成功，意志愈加消沉。于是女主人对他越来越不满

意，软的硬的都没什么用，于是家里开始硝烟弥漫，大吵小吵没有断过。

眼看着家里就女主人一个人上班以维持家用，她心里也着急，可是又不知道用什么方法来让老公重振旗鼓。男主人于是提出把房子卖了租房子住，于是又展开了新一轮的战争。

女人开始感叹，当初怎么嫁了这样的男人，还不如嫁给×××。她说："这日子过不下去了！"

人生就是这样：苦多于乐！

美国教育学家乔治·桑塔亚纳说："人生既不是一幅美景，也不是一席盛宴，而是一场苦难。"不幸的是，当你来到这世界那一天，没有人会送你一本生活指南，教你如何应付命运多舛的人生。也许青春时期的你曾经期待长大成人以后，人生会像一场热闹的派对，但在现实世界经历了几年风雨后，你会翻然醒悟，人生的道路原来布满荆棘。

无论你是老是少，都请不要奢望生活越过越顺遂，因为你会发现大家的日子都很难熬。再怎么才华横溢、家财万贯，照样逃离不了挫折、困顿。人人都要经历某种程度的压力和痛苦，而且难保不会遇上疾病、天灾、意外、死亡及其他不幸，谁都无法做到完全免疫，就算成功人士也会承认这是个需要辛苦打拼的世界。精神分析学家荣格主张：人类需要逆境，逆境是迈向身心健康的必要条件。他认为遭遇困境能帮助我们获得完整的人格与健全的心灵。

人的一生总有许多波折，要是你觉得事事如意，大概是误闯了某条单行道。也许你曾拥有一段诸事顺利的日子，于是志得意满的你开始以为你已看穿人生是怎么回事，一切如鱼得水，悠游自在。可惜就在你相信自己蒙天赐之福时，却发生了好运化为乌有的意外。

美国作家诺瑞丝拥有一套轻松面对生活的法则：人生比你想象中好过，只要接受困难、量力而为、咬紧牙关就过去了。你跨出的每一步，都能助你完成学习之旅。面临生活考验时，耐力越高，通过的考验也越多。所以要放松心情，靠意志力和自信心冲破难关。

保持积极的人生观，可以帮助你了解逆境其实很少危害生命，只会引起不同程度的愤慨，何况一定的压力也有好处。舒适安逸的生活无法带给人快乐与满足，人生若是少了有待克服的障碍、有待解决的问题、有待追求的目标、有待完成的使命，便毫无成就感可言了。

人生是一场学习的过程，接二连三的打击则是最好的生活导师。享乐与顺境无法锻炼人格，逆境却可以。一旦征服了难关，遇到再糟的情况也不会惊慌。人生有甘也有苦，物质环境的优劣与生活困厄的程度毫无瓜葛，重要的是我们对环境采取何种反应。接受好花不常开的事实，日子会优哉许多。记住这句话：人生苦多于乐，不必太在乎。

改变视角，改变人生

一个人要想改变自己的命运，必须首先改变自己的视角。生活中的难题也许在你改变了视角之后就不难了。

1941 年，美国洛杉矶。

深夜，在一间宽敞的摄影棚内，一群人正在忙着拍摄一部电影。

“停！”刚开拍几分钟，年轻的导演就大喊起来，一边做动作一边对着摄影师大声说：“我要的是一个大仰角，大仰角，明白吗？”

又是大仰角！这个镜头已经反复拍摄了十几次，演员、录音师……所有的工作人员都已累得筋疲力尽。可是这位年轻的导演总是不满意，一次次地大声喊“停”，一遍遍地向着摄影师大叫“大仰角”！

此时，已是扛着摄影机趴在地板上的摄影师再也无法忍受这个初出茅庐的小伙子，站起来大声吼道：“我趴得已经够低了，你难道不明白吗？”

周围的工作人员都停下了手中的工作，有些幸灾乐祸地看着他们。年轻的导演镇定地盯着摄影师，一句话也没有说，突然，他转身走到道具旁，捡起一把斧子，向着摄影师快步走了过去。

人们不知道这位年轻的导演会做怎样的蠢事。就在人们目瞪口呆的注视下，在周围人的惊呼声中，只见年轻的导演抡起斧子，向着摄影师刚才趴过的木制地板猛烈地砍去，一下、两下、三下……把地板砸出一个窟窿。

导演让摄影师站到洞中，平静地对他说：“这就是我要的角度。”就这样，摄影师蹲在地板洞中，无限压低镜头，拍出了一个前所未有的大仰角，一个从未有人拍出的镜头。

这位年轻的导演名叫奥逊·威尔斯，这部电影是《公民凯恩》。电影因大仰拍、大景深、阴影逆光等摄影创新技术及新颖的叙事方式，被誉为美国有史以来最伟大的电影之一，至今仍是美国电影学院必备的教学影片。

拍电影是这样，对待人生更是如此，如果你的视角很低、很小，你怎么能看到难过的日子后面的希望和快乐呢？

改变你的视角，你就能看见一个不一样的人生，拥有一个不一样的人生！

没试过，怎么知道不行

是问题就一定有答案，你必须努力寻找，并把这个信念永存心底。

生活中，我们每时每刻都会遇到各种各样的问题，这些问题时刻折磨着我们的神经，使我们疲于应付，甚至在遇到很大的困难时，我们往往认为自己再也支撑不下去了。这时候，一定要坚信，人生没有解决不了的问题。

某大学的数学教师每天给他的一个学生出3道数学题，作为课外作业给他回家后去做，第二天早晨再交上来。

有一天，这个学生回家后，才发现教师今天给了他4道题，而且最后一道似乎颇有些难度。他想：从前每天的3道题，他都很顺利地完成了，从未出现过任何差错，早该增加点分量了。

于是，他志在必得，满怀信心地投入到解题的思路中……天亮时分，他终于把这道题给解决了。但他还是感到一些内疚和自责，认为辜负了老师多日的栽培——一道题竟然做了几个小时。

谁知，当他把这4道已解的题一并交给老师时，老师惊呆了——原来，最后那道题竟是一道在数学界流传百年而无人能解的难题，老师把它抄在纸上，也只是出于好奇心。结果，不经意竟把它与另外3道普通题混在一起，交给了这个学生。这个学生却在不明实情的前提下意外地把它给攻克了。

假如这个学生知道这道题的来历，他还会在一夜之间将它攻克吗？

四周没路时，向上生长

如果你总是认为某件事是“不可能”的，那说明你一定没有去努力争取，因为这世上本来就没有“不可能”。

拿破仑·希尔年轻时买下一本字典，然后剪掉了“不可能”这个词，从此他有了一本没有“不可能”的字典，而他也成了成功学大师。其实，把“不可能”从字典里剪掉，只是一个形象的比喻，关键是要从你的心中把这个观念铲除掉。并且，在我们的观念中排除它，想法中排除它，态度中去掉它、抛弃它，不再为它提供理由，不再为它寻找借口，把这个字和这个观念永远地抛弃，而用光辉灿烂的“可能”来替代它。

比如汤姆·邓普西，他就是将“不可能”变为“可能”的典型。

汤姆·邓普西生下来的时候，只有半只左脚和一只畸形的右手。父母从来不让他因为自己的残疾而感到不安。结果是任何男孩能做的事他也能做，如果童子军团行军 5 千米，汤姆也同样能走完 5 千米。

后来他想玩橄榄球，他发现，他能把球踢得比任何在一起玩的男孩子更远。他要人为他专门设计一只鞋子，参加了踢球测验，并且得到了冲锋队的一份合约。但是教练却尽量婉转地告诉他，说他“不具有做职业橄榄球员的条件”，促请他去试试其他的事业。最后他申请加入新奥尔良圣徒队，并且请求给他一次机会。教练虽然心存怀疑，但是看到这个男孩这么自信，对他有了好感，因此就收了他。两个星期之后，教练对他的好感更深，因为他在一次友谊赛中将球踢出 55 码远得分。这种情形使他获得了专为圣徒队踢球的工作，而且在那一赛季中为他所在的队踢得了99分。

然后到了最伟大的时刻，球场上坐满了6.6万名球迷。圣徒队比分落后，球是在28码线上，比赛只剩下了几秒钟，球队把球推进到45码线上，但是完全可以说没有时间了。“汤姆，进场踢球！”教练大声说。当汤姆进场的时候，他知道他的队距离得分线有63码远，也就是说他要踢出63码远，在正式比赛中踢得最远的纪录是55码，是由巴尔第摩雄马队毕特·瑞奇踢出来的。但是，邓普西心里认为他能踢出那么远，而且是完全有可能的，他这么想着，加上教练又在场外为他加油，他充满了信心。

正好，球传接得很好，邓普西一脚全力踢在球身上，球笔直地前进。6.6万名球迷屏住气观看，接着终端得分线上的裁判举起了双手，表示得了3分，球在球门横杆之上几厘米的地方越过，圣徒队以19：17获胜。球迷狂呼乱叫——为踢得最远的一球而兴奋，这是只有半只脚和一只畸形的手的球员踢出来的！

“真是难以相信！”有人大声叫，但是邓普西只是微笑。他想起他的父母，他们一直告诉他的是他能做什么，而不是他不能做什么。他之所以创造出这么了不起的纪录，正如他自己说的：“他们从来没有告诉我，我有什么不能做的。”

再强调一遍，永远也不要消极地认定什么事情是不可能的，首先你要认为你能，再去尝试、再尝试，要知道，世上没有什么是不可能的。

最困难之时，就是离成功不远之日

遇到不幸时，不要总是习惯于把自己放在一个弱者的地位上，

等待着别人的同情，然后等着别人来拯救你，这样的话，只会让你一直处于遭人唾弃、鄙视的地位不能翻身。只有自强自立，把不幸当作一次机遇，你才能走出不幸的泥潭。

别林斯基说："不幸是一所最好的大学。"自知者明，自强者胜。自强者可以征服山，就是跋山涉水也在所不惜；弱者就是面对一张薄纸，也不愿伸手戳破，去达到自己的目的。谁的一生都有挫折，自强者自然把挫折当玩具，戏之笑之，淡然视之，强者自强；而弱者把挫折当大山，多是惧之怕之，闭目待之，终是弱者更弱。调整你的心态，把不幸当作机遇，你就能战胜不幸，取得成功。

加拿大第一位连任两届总理的让·克雷蒂安小的时候，说话口吃，曾因疾病导致左脸局部麻痹，嘴角畸形，讲话时嘴巴总是向一边歪，而且还有一只耳朵失聪。

听一位有名的医学专家说，嘴里含着小石子讲话可以矫正口吃，克雷蒂安就整日在嘴里含着一块小石子练习讲话，以致嘴巴和舌头都被石子磨烂了。母亲看后心疼得直流眼泪，她抱着儿子说："克雷蒂安，不要练了，妈妈会一辈子陪着你。"克雷蒂安一边替妈妈擦着眼泪，一边坚强地说："妈妈，听说每一只漂亮的蝴蝶，都是自己冲破束缚它的茧之后才变成的。我一定要讲好话，做一只漂亮的蝴蝶。"

工夫不负有心人，经过长久的磨炼，克雷蒂安终于能够流利地讲话了。他勤奋、善良，中学毕业时，他不仅取得了优异的成绩，而且还获得了极好的人缘。

1993 年 10 月，克雷蒂安参加全国总理大选时，他的对手大力攻击、嘲笑他的脸部缺陷，对手曾极不道德、带有人格侮辱地说："你们要这样的人来当你们的总理吗？"然而，对手的这种恶意攻击招致大部分选民的愤怒和谴责。当人们知道克雷蒂安的成长经历后，都给予他极大的同情和尊敬。在竞争演说中，克雷蒂安诚恳地对选民说："我要带领国家和人民成为一只美丽的蝴蝶。"最后他以极高的票数当选为加拿大总理，并在1997年成功地获得连任，被加拿大人民亲切地称为"蝴蝶总理"。

人不能因为不幸的来临而畏缩不前，轻言放弃。而应该把它当作一次机遇，抓住它，发挥它的积极作用，你就可以获得不幸给予你的馈赠。

开启宝藏之门的钥匙就在自己的手中，轻言放弃，这些宝藏就永无见天之日。也许你现在并不如意，但永远不能放弃的是成功的决心和斗志，更为关键的是你能不能正确地意识到什么是自己最擅长的，尽管因为现实的某些原因处于困境之中，但总要设法找到自己的宝藏，并努力去开采它。

成功人士都是不惧怕困境的，他们总是把一次次不幸当作一次次机遇。面对长期的困境，他们或默默耕耘，或摇旗呐喊。他们凭着一副熬不垮的神经，一腔无所畏惧的勇气，振作精神，发奋苦干，以图早日突破困境的牢笼。目不能二视，耳不能二听，手不能二事。全神贯注于你所期望的目标，你就一定能够如愿以偿。如果你是个缺乏耐性、不能坚持，做什么事都半途而废，要别人替你收拾残局的人，你应当在行动之前细心思索，不可贸然开始工作，免得骑虎难下。"水滴石穿，绳锯木断"，水和石比，绳和木比，硬度显然相差太远，然而只要你不轻言放弃，把不幸当作机遇看待，全力做好一件事，天长日久，石头也会被水滴穿，木头也会被绳锯断。人做事也是这样，只要全神贯注地做一件事，就可以把事情做得比较完美，甚至做到完美无缺。

向折磨说一声“我能行”

挫折并不保证你会得到完全绽开的成功的花朵，它只提供成功的种子。饱受挫折折磨的人，必须自己努力去寻找这颗种子，并且以明确的目标给它养分并栽培它，否则它不可能开花、结果。

面对挫折，只有自强者才能战胜困难、超越自我。而如果一味地想着等待别人来帮忙，只能落得失败的下场。遭遇不顺利的事情时，坐等他人的帮助是一种极其愚蠢的做法，只有靠自己的努力才能解决问题，向折磨说一声“我能行”。记住：永远可以依赖的人只有自己！

一个农民只上了几年学，家里就没钱继续供他上学了。他辍学回家，帮父亲耕种二亩薄田。在他18岁时，父亲去世了，家庭的重担全部压在了他的肩上。他要照顾身体不佳的母亲，还有一位瘫痪在床的祖母。

改革开放后，农田承包到户。他把一块水洼挖成池塘，想养鱼。但村里的干部告诉他，水田不能养鱼，只能种庄稼，他只好又把水塘填平。这件事成了一个笑话，在别人看来，他是一个想发财但又非常愚蠢的人。

听说养鸡能赚钱，他向亲戚借了300元钱，养起了鸡。但是一场大雨后，鸡得了鸡瘟，几天内全部死光。300元对别人来说可能不算什么，对一个只靠二亩薄田生活的家庭而言，可谓天文数字。他的母亲受不了这个刺激，忧劳成疾而死。

他后来酿过酒，捕过鱼，甚至还在石矿的悬崖上帮人打过炮眼……可都没有赚到钱。

36岁的时候，他还没有娶到媳妇，即使是离异的有孩子的女人也看不上他，因为他只有一间土屋，房子随时有可能在一场大雨后倒塌。娶不上老婆的男人，在农村是没有人看得起的。

但他还是没有放弃，不久他就四处借钱买了一辆手扶拖拉机。不料，上路不到半个月，这辆拖拉机就载着他冲入一条河里。他断了一条腿，成了瘸子。而那拖拉机，被人捞起来，已经支离破碎，他只能拆开它，当作废铁卖。

几乎所有的人都说他这辈子完了。但是多年后他成了一家公司的老总，手中有上亿元的资产。现在，许多人都知道他苦难的过去和富有传奇色彩的创业经历。许多媒体采访过他，许多报告文学描述过他。曾经有记者这样采访他——

记者问："在苦难的日子里，你凭借什么一次又一次毫不退缩？"

他坐在宽大豪华的老板台后面，喝完了手里的一杯水。然后，他把玻璃杯子握在手里，反问记者："如果我松手，这只杯子会怎样？"

记者说："摔在地上，碎了。"

"那我们试试看。"他说。

他手一松，杯子掉到地上发出清脆的声音，但并没有破碎，而是完好无损。他说："即使有10个人在场，10个人都会认为这只杯子必碎无疑。但是，这只杯子不是普通的玻璃杯，而是用玻璃钢制作的。"

是啊！这样的人，即使只有一口气，他也会努力去拉住成功的手，除非上苍剥夺了他的生命……

我们在埋怨自己生活多磨难的同时，不妨想想这位故事主角的人生经历，或许还有更多多灾多难的人们，与他们相比，我们的困

难和挫折算什么呢？向折磨说一声“我能行”，自强起来，生命就会屹立不倒！

心若向阳，无谓悲伤

人的潜力是惊人的，很多时候，你认为你承受不了的事，往往却能够不费气力地承受下来，人生没有承受不了的事，相信你自己。

你还在为即将到来或正发生在自己身上的不幸而担忧吗？其实，这些困难并不像你想象的那样可怕。只要你勇敢面对，你就能够承受得了。等你适应了那样的不幸以后，你就可以从不幸中找到幸运的种子了。

帕克在一家汽车公司上班。很不幸，一次机器故障导致他的右眼被击伤，抢救后还是没有能保住，医生摘除了他的右眼球。

帕克原本是一个十分乐观的人，但现在却成了一个沉默寡言的人。他害怕上街，因为总是有那么多人看他的眼睛。

他的休假一次次被延长，妻子艾丽丝负担起了家庭的所有开支，而且她在晚上又兼了一个职。她很在乎这个家，她爱着自己的丈夫，想让全家过得和以前一样。艾丽丝认为丈夫心中的阴影总会消除的，那只是时间问题。

但糟糕的是，帕克的另一只眼睛的视力也受到了影响。在一个阳光灿烂的早晨，帕克问妻子谁在院子里踢球时，艾丽丝惊讶地看着丈夫和正在踢球的儿子。在以前，儿子即使到更远的地方，他也能看到。艾丽丝什么也没有说，只是走近丈夫，轻轻地抱住他的头。

帕克说：“亲爱的，我知道以后会发生什么，我已经意识到了。”

艾丽丝的泪就流下来了。

其实，艾丽丝早就知道这种后果，只是她怕丈夫受不了打击而要求医生不要告诉他。帕克知道自己要失明后，反而镇静多了，连艾丽丝自己也感到奇怪。艾丽丝知道帕克能见到光明的日子已经不多了，她想为丈夫留下点什么。她每天把自己和儿子打扮得漂漂亮亮，还经常去美容院。在帕克面前，不论她心里多么悲伤，她总是努力微笑。

几个月后，帕克说：“艾丽丝，我发现你新买的套裙那么旧了！”

艾丽丝说：“是吗？”

她奔到一个他看不到的角落，低声哭了。她那件套裙的颜色在太阳底下绚丽夺目。她想，还能为丈夫留下什么呢？

第二天，家里来了一个油漆匠，艾丽丝想把家具和墙壁粉刷一遍，让帕克的心中永远有一个新家。

油漆匠工作很认真，一边干活还一边吹着口哨。干了一个星期，终于把所有的家具和墙壁刷好了，他也知道了帕克的情况。

油漆匠对帕克说：“对不起，我干得很慢。”

帕克说：“你天天那么开心，我也为此感到高兴。”

算工钱的时候，油漆匠少算了100元。

艾丽丝和帕克说：“你少算了工钱。”

油漆匠说：“我已经多拿了，一个等待失明的人还那么平静，你告诉了我什么叫勇气。”

但帕克却坚持要多给油漆匠100元，帕克说：“我也知道了原来残疾人也可以自食其力，并生活得很快乐。”

油漆匠只有一只手。

哀莫大于心死，只要自己还持有一颗乐观、充满希望的心，身体的残缺又有什么影响呢？要学会享受生活，只要还拥有生活的勇气，那么你的人生仍然是五彩缤纷的。

人的潜力是无穷的，世界上没有任何事情能够将人的心完全压制。只要相信自己，人生就没有承受不了的事。至于受老板的责骂、受客户的折磨这种小事，你还会在乎吗？

黑暗，只是光明的前兆

不要诅咒目前的黑暗，你所要做的就是做好准备，去迎接光明，因为黑暗只是光明的前兆。

莎士比亚在他的名著《哈姆雷特》中有这样一句经典台词：“光明和黑暗只在一线间。”一个人身处黑暗之中，你的心灵千万不要因黑暗而熄灭，而是要充满希望，因为黑暗只是光明来临的前兆而已。

清代有一个年轻书生，自幼勤奋好学，无奈贫困的小村里没有一个好老师。书生的父母决定变卖家产，让孩子外出求学。

一天，天色已晚，书生饥肠辘辘准备翻过山头找户人家借住一宿。走着走着，树林里忽然蹿出一个拦路抢劫的土匪。书生立即拼命往前逃跑，无奈体力不支再加上土匪的穷追不舍，眼看着书生就要被追上了，正在走投无路时，书生一急钻进了一个山洞里。山匪见状，不肯罢休，他也追进山洞里。洞里一片漆黑，在洞的深处，书生终究未能逃过土匪的追逐，他被土匪逮住了。一顿毒打自然不能免掉，身上的所有钱财及衣物，甚至包括一把准备为夜间照明用的火把，都被土匪一掳而去了。土匪给他留下的只有一条薄命。

完事之后，书生和土匪两个人各自分头寻找着洞的出口，这山洞极深极黑，且洞中有洞，纵横交错。

土匪将抢来的火把点燃，他能轻而易举地看清脚下的石块，能看清周围的石壁，因而他不会碰壁，不会被石块绊倒，但是，他走来走去，就是走不出这个洞，最终，恶人有恶报，他迷失在山洞之中，力竭而死。

书生失去了火把，没有了照明，他在黑暗中摸索行走得十分艰辛，他不时碰壁，不时被石块绊倒，跌得鼻青脸肿，但是，正因为他置身于一片黑暗之中，所以他的眼睛能够敏锐地感受到洞里透进来的一点点微光，他迎着这缕微光摸索爬行，最终逃离了山洞。

如果没有黑暗，怎么可能发现光明呢？黑暗并不可怕，它只是光明到来之前的预兆。在黑暗中摸索前行，充满光明的渴望，才是最良好的心态。如果你害怕黑暗，因黑暗而绝望，你将被无边的黑暗所淹没。相反，若你一直在心中点一盏长明灯，光明很快就会降临。

心若没有栖息的地方，到哪儿都是流浪

无论何时，都要在自己心中点一盏灯，只要心灯不灭，就有成功的希望。

真正的智者，总是站在有光的地方。太阳很亮的时候，生命就在阳光下奔跑。当太阳熄灭，还会有那一轮高挂的明月。当月亮熄灭了，还有满天闪烁的星星，如果星星也熄灭了，那就为自己点一盏心灯吧。无论何时，只要心灯不灭，就有成功的希望。

紫霄未满月就被白发苍苍的奶奶抱回家。奶奶含辛茹苦把她养

到小学毕业，狠心的父母才从外地返家。父母重男轻女，对女儿非常刻薄。她生病时，父母会变本加厉地迫害她，母亲对她说："我看你就来气，你给我滚，又有河、又有老鼠药、又有绳子，有志气你就去死。"还残忍地塞给她一瓶"安定"。13 岁的小姑娘没有哭，在她幼小的心灵里萌生了强烈的愿望——她一定要活下去，并且还要活出一个人样来！

被母亲赶出家门，好心的奶奶用两条万字糕和一把眼泪，把她送到一片净土——尼姑庵。紫霄满怀感激地送别奶奶后，心里波翻浪涌，难道自己的生命就只能耗在这没有生气的尼姑庵吗？在尼姑庵，法名"静月"的紫霄得了胃病，但她从不叫痛，甚至在她不愿去化缘而被老尼姑惩罚时，她也不哭不闹，但是叛逆的个性正在潜滋暗长。在一个淅淅沥沥下着小雨的清晨，她揣上奶奶用鸡蛋换来的干粮和卖棺材得来的路费，踏上了西去的列车。几天后，她到了新疆，见到了久违的表哥和姑妈。在新疆，她重返课堂，度过了幸福的半年时光。在姑妈的建议下，她回安徽老家办户口迁移手续。回到老家，她发现再也回不了新疆了，父母要她顶替父亲去厂里上班。

她拿起了电焊枪，那年她才 15 岁。她没有向命运低头，因为她的心中还有梦。紫霄业余苦读，通过了写作、现代汉语和文学概论等学科的自学考试。第二年参加高考，她考取了安徽省中医学院。然而她知道因为家庭的原因自己无法实现自己的梦想，大学经常成为她夜梦的主题。

1988 年底，紫霄的第一篇习作被《巢湖报》采用，她看到了生命的一线曙光，她要用缪斯的笔来拯救自己。多少个不眠之夜，她用稚拙的笔饱蘸浓情，抒写自己的苦难与不幸，倾诉自己的顽强与奋争。多篇作品寄了出去，耕耘换来了收获，那些心血凝聚的稿件多数被采用，还获得了各种奖项。1989年，她抱着自己的作品叩开了安徽省作协的门，成了其中的一员。

文学是神圣的，写作是清贫的。紫霄毅然放弃了从父亲手里接过的“铁饭碗”，开始了艰难的求学生涯。因为她知道，仅凭自己现在的底子，远远不能成大器。她到了北京，在鲁迅文学院进修。为生计所迫，生性腼腆的她当起了报童。骄阳似火，地面晒得冒烟，紫霄姑娘挥汗如雨，怯生生地叫卖。天有不测风云，在一次过街时，飞驰而过的自行车把她撞倒了。看着肿得像馒头大小的脚踝，紫霄的第一个反应是这报卖不成了。她没有丧失信心，用几天卖报赚来的微薄收入补足了欠交的学费，只休息了几天，她就又一次开始了半工半读的生活。命运之神垂怜她，让她结识了莫言、肖亦农、刘震云、宏甲等作家，有幸亲聆教诲，她感到莫大的满足。

为了节省开支，紫霄住在某空军招待所的一间堆放杂物的仓库里。晚上，这里就成了她的“工作室”，她的灯常常亮到黎明。礼拜天，她包揽了招待所上百床被褥的浆洗活，有一次她累昏在水池旁，幸遇两位女战士把她背回去，灌了两碗姜汤，她苏醒之后不久，便接着去洗。她的脸上和手上有了和她年龄不相称的粗糙和裂口。

紫霄后来的经历就要“顺利”得多。随文怀沙先生攻读古文、从军、写作、采访、成名，这一切似乎顺理成章，然而这一切又不平凡。她是一个坚强的女子，是一个不向困难俯首称臣的不屈的奇女子。她把困难视作生命的必修课，而她得了满分。

“一个人最大的危险是迷失自己，特别是在苦难接踵而至的时候……命运的天空被涂上一层阴霾的乌云，她始终高昂那颗不愿低下的头。因为她胸中有灯，它点燃了所有的黑暗。”一篇采访紫霄

的专访在题词中写了这样的话，在主人公心中，那盏灯就是自己永远也未曾放弃过的希望。

一个人无论有多么不幸，有多么艰难，那盏灯一定会为你指引前进的方向。

有梦不觉天涯远

无论现状有多么困难，都要给自己树一面旗帜，至少你有了一个前进的方向。

人生到底是喜剧收场还是悲剧落幕，是轰轰烈烈的还是无声无息的，就全在于这个人到底持有什么样的信念。信念就像指南针和地图，指出我们要去的目标。没有信念的人，就像少了马达、缺了舵的汽艇，不能动弹一步。所以在人生中，必须得有信念的引导，它会帮助你看到目标，鼓舞你去追求，创造你想要的人生。

很多时候，人们的理想和目标就如同一面在风中高高飘扬的旗帜，它指引着人们前进的方向。

罗杰·罗尔斯是美国纽约州历史上第一位黑人州长，他出生在纽约声名狼藉的大沙头贫民窟。这里环境肮脏，充满暴力，是偷渡者和流浪汉的聚集地。在这儿出生的孩子，耳濡目染，他们之中很多人从小就逃学、打架、偷窃，甚至吸毒，长大后很少有人从事体面的职业。然而，罗杰·罗尔斯是个例外，他不仅考入了大学，而且成了州长。在就职记者招待会上，一位记者对他提问："是什么把你推向州长宝座的？"面对300多名记者，罗尔斯对自己的奋斗史只字未提，只谈到了他上小学时的校长——皮尔·保罗。

1961年，皮尔·保罗被聘为诺必塔小学的董事兼校长。当时正值美国嬉皮士文化流行的时代，他走进大沙头诺必塔小学的时候，发现这儿的穷孩子比“迷惘的一代”还要无所事事。他们不与老师合作，旷课、斗殴甚至砸烂教室的黑板。皮尔·保罗想了很多办法来引导他们，可是没有一个是有效的。后来他发现这些孩子都很迷信，于是在他上课的时候就多了一项内容——给学生看手相。他用这个办法来鼓励学生。

当罗尔斯从窗台上跳下，伸着小手走向讲台时，皮尔·保罗说:“我一看你修长的小拇指就知道，你将来是纽约州的州长。”当时，罗尔斯大吃一惊，因为长这么大，只有他奶奶让他振奋过一次，说他可以成为5吨重的小船的船长。这一次，皮尔·保罗先生竟说他可以成为纽约州的州长，着实出乎他的预料。他记下了这句话，并且相信了它。

从那天起，“纽约州州长”就像一面旗帜指引着罗尔斯，他的衣服不再沾满泥土，说话时也不再夹杂污言秽语。他开始挺直腰杆走路，在以后的40多年间，他没有一天不按州长的身份要求自己。51岁那年，他终于成了州长。

信念的力量就这样神奇，如果我们也能像罗尔斯那样，为自己树一面旗帜，成功也不会离自己太远。

她从北京101中学来到云南边疆一个叫“蚂蟥堡”的地方。

她们住的房子是队里盖的马棚，只有顶，没有墙。人们用竹篱笆将马棚围了起来，放了几张床，两两相依。初到时，看书写字，就搬个小板凳放在床前。

有一天，一位室友收到了家中的来信。她看完后告诉她们，美国人登上月球了。据说全世界都进行了实况转播，但她们没有收音机(在那个年代，收音机算是奢侈品)，几个月后才知道这个消息。

她们该做什么呢？能做什么呢？

她在苦闷中度过了几个月后，不再困惑，她找到了她的信念，她把自己充实起来。她很少浪费时间，除了劳动就是钻研，时间安排得很紧。当然，不是为了上月球，也不是为了想进大学，而只是希望让科学在生活中起些作用。她不过是个苗圃工，却读完了农大的好几门课。她苦读医书，在自己身上练会了针灸，治好过好几个病人。她动手建小气象站，自己动手做百叶箱，立风向杆，养蚂蟥，半夜起来记录温度……为了学习专业知识，她同时也学习基础知识，从一元一次方程到微积分，从A、B、C学习到阅读英文书籍，从“老初一”提高到了大学水平。

1973年，一批科技期刊恢复出版，她到邮局订了所有能订的期刊，用掉了一个月的收入。她的衣服却是补了又补，鞋子也缝了又缝。她这种对科学的执着和钻研的顽强意志，在过去和现在都是她有力的人生支持之一。专注于科学，专注于诚实的、有益的工作，使她有了更多的勇气战胜懈怠、软弱和虚荣心。后来她成了上海交大的研究生。

在人生旅途中，通往理想的道路上总会遇到大大小小的困难和挫折，埋怨、消沉、哀叹命运，这些都无济于事。

面对挫折，要有宽阔的胸襟，要有无畏的勇气。要记住，挫折是通向理想的阶梯。只要你有走出的愿望，没有永远走不出的人生低谷。如果你还在为不幸的遭遇自怨自艾的话，那你的人生将不会有任何前途。

信念的力量是无穷的，很多人不能获得成功，往往是因为他们没有信念，或者，他们的信念并不扎实。俄国作家柯罗连科曾说过：“信念是储备品，行路人在破晓时带着它登程，但愿他在日暮以前足够使用。”但信念并不是到处去寻找顾客的产品营销员，它永远也不会主动地去敲你的大门。因此，一个想成功的人必须主动地为自己树一面信念的旗帜，让它在远方随风飘扬，引导着你一步步走向成功。

失意不可失志

每个人都会有失意事，包括事业上的失意、情感上的失意、家庭上的失意。

失意事本就是一种痛苦，搁在心里不找人倾诉更是痛苦。据说，把失意事摆在心里还会造成心理的疾病，所以找人倾诉也是好的。可是根据前人的经验，失意事还是不要轻易吐露比较好。

吐露失意事，不管是主动吐露或被动吐露，都有很多副作用。

（1）无意中塑造了自己无能、软弱的形象。虽然每个人都会有失意事，但如果你在吐露失意事时，别人正在得意，那么别人会直觉地认为你是个无能或能力不足的人，要不然为什么失意？嘴巴虽然不说出来，但心里多少会这样想。而且失意事一讲，有时会因情绪失控而一发不可收拾，造成别人的尴尬，这才是最糟糕的一件事。如果你的失意情绪引来别人的安慰，温暖固然温暖矣，但你却因此而变成一个“无助的孩子”，别人的评语是：“唉，真可怜！”

（2）别人对你的印象分数会打折扣。很多人凭印象来给别人打分数，一般来说，自信、坚定的人，他所获得的印象分数会比较高，如果他还是个事业有成的人，那么更会获得“尊敬”，这是人性，没什么道理好说。如果你的失意让别人知道了，他们会下意识地在分数表上给你扣分，本来你是80分，这样一下子就不及格了，

而他们对你的态度也会很自然地转变，由尊敬、热情而变得不屑、冷淡。

（3）形成失败者的形象。你的失意事如果说得次数太多，或是经听者的传播，让你的朋友都知道了，那么别人会为你贴上一个标签："失败者！"当别人谈到你时，便会想到这些事。在现实的社会里，失败者只能创造机会，别人是吝于给你机会的。尤其传言很可怕，明明小失意也会被传成大失败，这都会对你的未来人生造成或大或小的阻碍，谁管你是怎么失意的，而失意的实情又是如何呢？

并不是说失意事要闷在心里，但要谈你的失意事必须看时机、对象。吐露失意事需要注意两点：

1. 只能对好朋友说

好朋友了解你，你的坚强、软弱，优点、缺点他都知道，跟这种朋友说才能"确保安全"。至于初见面的人、普通朋友，一句也不可说。

2. 只能在得意时说

失意时谈失意事，别人会认为你是弱者；得意时谈失意事，别人会认为你是勇者，并由衷地从心里涌出对你的"敬意"。而你由失意而得意的历程，他们甚至还会当成励志的教材，这又比一辈子平顺、得意的人"神气"。

生命自有精彩，你只负责努力

每个人心中都应有两盏灯光，一盏是希望的灯光；一盏是勇气的灯光。有了这两盏灯光，我们就不怕海上的黑暗和波涛的险恶了。

如果你要选择成功，那么，你同时要选择坚强。因为一次成功总是伴随着许多失败，而这些失败从不怜惜弱者。没有铁一般的意志，你就不会看到成功的曙光。生活告诉我们，怯懦者往往被灾难打垮、吓退，坚强者则大步向前。

据说有一个英国人，生来就没有手和脚，竟能如常人一般生活。有一个人因为好奇，特地拜访他，看他怎样行动，怎样吃东西。那个英国人睿智的思想、动人的谈吐，使那个客人十分惊异，甚至完全忘掉了他是个残疾人了。

巴尔扎克曾说过："挫折和不幸是人的晋身之阶。"悲惨的事情和痛苦的境况是一所培养成功者的学校，它可以使人神志清醒，遇事慎重，改变举止轻浮、冒失逞能的恶习。上帝之所以将如此之多的苦难降临到世上，就是想让苦难成为智慧的训练场、耐力的磨炼所、桂冠的代价和荣耀的通道。

所以，苦难是人生的试金石。要想取得巨大的成功，就要先懂得承受苦难。在你承受得住无数的苦难相加的重量之后，才能承受成功的重量。

当你碰到困难时，不要把它想象成不可克服的障碍。因为，在这个世界上没有任何困难是不可克服的，只要你敢于扼住命运的咽喉。

贝多芬 28 岁便失去了听觉，耳朵聋到听不见一个音节的程度，但他为世界留下了雄壮的《第九交响曲》。托马斯·爱迪生是聋子，他要听到自己发明的留声机唱片的声音，只能用牙齿咬住留声机盒子的边缘，使头盖骨骨头受到震动而感觉到声响。不屈不挠的美国科学家弗罗斯特教授奋斗 25 年，硬是用数学方法推算出太空星群以及银河系的活动变化。但他是个盲人，看不见他热爱了终生的天空。塞缪尔·约翰生的视力衰弱，但他顽强地编纂了全世界第一本真正伟大的《英语词典》。达尔文被

病魔缠身40年，可是他从未间断过改变了整个世界观念的科学预想的探索。爱默生一生多病，但是他留下了美国文学第一流的诗文集。

如果上帝已经开始用苦难磨砺你，那么，能否通过这次考验，就看你是不是能扼住命运的咽喉，走出一条绚丽的人生之路了。

与苦难搏击，会激发你身上无穷的潜力，锻炼你的胆识，磨炼你的意志。也许，身处苦难之时，你会倍感痛苦与无奈，但当你走过困苦之后，你会更加深刻地明白：正是那份苦难给了你人格上的成熟和伟岸，给了你面对一切无所畏惧的勇气。

苦难，在不屈的人们面前会化成一种礼物，这份珍贵的礼物会成为真正滋润你生命的甘泉，让你在人生的任何时刻都不会轻易被击倒！

世界再暗淡，生活也有温暖

挫折是弱者的绊脚石，却是强者成功的起点。要想成功，就必须做生命的强者。

连遭厄运的人应当牢记：不论在生活中碰到怎样的厄运，都不意味着你命里注定永无出头之日。只要你顺势而为，运气时时都会光临，不间断地连遭厄运毕竟比较少见。生活中的机遇并非一成不变地向我们走来，它们像脉冲一样有起有伏，有得有失。每当人们坐在一起相互安慰时总是说黑暗过后必有黎明，这才是隐匿在生活中的真谛。一个生命的强者，会把各种挫折和厄运当作另一个起点。

生活一次又一次表明，只要一个人全力以赴、奋斗不息，与背运的屠刀拼死相搏，时运终究会逆转，他终究会抵达安全的彼岸。

莎士比亚说："与其责难机遇，不如责难自己。"这就是人生的基本课程。我们只要仔细回顾一下生活中坏运变为好运的大量实例，就会发现，挫折和厄运仅仅是强者成功的起点罢了。

在某个地方有一家很大的农户，其户主被称为那个地方最慈善的农夫。每年拉比都会到他家访问，而每次他都毫不吝惜地捐献财物。

这个农夫经营着一块很大的农田。可是有一年，先是受到风暴的袭击，整个果园被破坏了。随后，又遇上一阵传染病，他饲养的牛、羊、马全部死光了。债主们蜂拥而至，把他所有的财产扣押了起来。最后，他只剩下一块小小的土地。

这位农夫的太太却对丈夫说："我们时常为教师建造学校，维持教堂，为穷人和老人捐献钱，今年拿不出钱来捐献，实在遗憾。"

夫妇俩觉得让拉比空跑一趟，于心不安，便决定把最后剩下的那块地卖掉一半，捐献给拉比。拉比非常惊讶，在这样的状况下，还能收到他们的捐款。

有一天，农夫在剩下的半块土地上犁地，耕牛突然滑倒了，他手忙脚乱地扶起耕牛时，却在牛脚下挖出个宝物。他把宝物卖了之后，又可以和过去一样经营果园农田了。

第二年，拉比再次来到这里，他以为这个农夫还和以前一样贫穷，所以又找到这块地上来。附近的人告诉他们："他已经不住在这里了，前面那所高大的房子，就是他的家。"

拉比走进大房子，农夫向他说明了自己在这一年所发生的事，并总结道：只要不惧怕困难，并保持感恩的心，必定会赢得一切的。

这位农夫的经历告诉我们，面对挫折，绝不能害怕、胆怯。去

做那些你害怕的事情，害怕自然会消失。狼如果因为遭遇过挫折而胆怯害怕，这个种群就不可能继续生存下去。

人生如行船，有顺风顺水的时候，自然也有逆风大浪的时候。这就要看掌舵的船夫是不是高明了，高明的船夫会巧妙地利用逆风，将逆风也作为行船的动力。

人生、事业的发展也一样。如果你能始终以一种积极的心态去对待你人生中可能遇到的“逆风大浪”，并对其加以合理的利用，将被动转化为主动，那么，你就是人生征途上高明的舵手。

在低潮时品味人生，为下次的高潮暖身

所有的人都会有失败的时候，重要的是当你犯了错误的时候，是否会及时承认错误并且想办法去弥补它。

不要被失败所困，花点时间找出失败的原因，并从中汲取教训。如果你不能摆脱失败的阴影，那么你将会裹足不前。

一件事情上的失败绝不意味着你的整个人生都是失败的，失败只是暂时的受挫，不要把它当成生死攸关的问题。永远保持积极的心态，你将离成功更近。

相传康熙年间，安徽青年王致和赴京应试落第后，决定留在京城，一边继续攻读，一边学做豆腐以谋生。可是，他毕竟是个年轻的读书人，没有做生意的经验。夏季的一天，他所做的豆腐剩下不少，只好用小缸把豆腐切块腌好。但日子一长，他竟忘了有这缸豆腐，等到秋凉时想起来了，但腌豆腐已经变成了“臭豆腐”。王致和十分恼火，正欲把这“臭气熏天”的豆腐扔掉时，转而一想，虽然臭了，但自己总还可以留着吃吧。于是，就忍着臭味吃了起来，

然而，奇怪的是，臭豆腐闻起来虽有股臭味，吃起来却非常香。

于是，王致和便拿着自己的臭豆腐去给自己的朋友吃。好说歹说，别人才同意尝一口，没想到，所有人在捂着鼻子尝了以后，都赞不绝口，一致公认此豆腐美味可口。王致和借助这一错误，改行专门做臭豆腐，生意越做越大，而影响也越来越广，最后，连慈禧太后也慕名前来尝一尝美味的臭豆腐，对其大为赞赏。

从此，王致和臭豆腐身价倍增，还被列入御膳菜谱。直到今天，许多外国友人到了北京，都还点名要品尝这所谓“中国一绝”的王致和臭豆腐。

因为腌豆腐变臭这次失败，改变了王致和的一生。

所以在人生路上，遇到失败时我们要学会转个弯，把它作为一个积极的转折点，选择新的目标或探求新的方法，把失败作为成功的新起点。

成功者与失败者最大的不同，就在于前者珍惜失败的经验，他们善于从失败中吸取教训，寻找新的方法，反败为胜，获得更大的胜利；而后者一旦遭遇失败的打击就坠入痛苦的深渊中不能自拔，每天闷闷不乐，自怨自艾，直至自我毁灭。

学会从失败中获取经验，你就会获得最后的成功。

第三章

输不丢人，怕才丢人

在逆境中抱怨，等于遗弃幸运

人在一生中，随时都会碰到困难和险境，如果我们仅仅盯着这些困难，看到的只会是绝望。在人生路途上，谁都会遭遇逆境，逆境是生活的一部分。逆境充满荆棘，却也蕴藏着成功的机遇。只要勇敢面对，就一定能从布满荆棘的路途中走出一条阳光大道。正如培根所说："奇迹多是在厄运中出现的。"其实，我们不应该在逆境中抱怨，因为抱怨逆境无疑是在遗弃幸运。想成为一名生活中强者，就要勇敢地向逆境宣战，像一名真正的水手那样投入生命的浪潮。

道本连自己的名字都不会写，却在大阪的一所中学当了几十年的校工。尽管工资不多，但他已经很满足命运为他所安排的一切。就在他快要退休时，新上任的校长以他"连字都不认识，却在校园工作，太不可思议了"为由，将他辞退了。

道本恋恋不舍地离开了校园，像往常一样，他去为自己的晚餐买半磅香肠，但快到食品店门前时，他想起食品店已经关门多日了。而不巧的是，附近街区竟然没有第二家卖香肠的。忽然，一个念头在他脑海里闪过——为什么我不开一家专卖香肠的小店呢？他很快拿出自己仅有的一点积蓄开了一家食品店，专门卖起香肠来。

因为道本灵活多变的经营，十年后，他成了一家熟食加工公司的总裁，他的香肠连锁店遍及了大阪的大街小巷，并且是产、供、销"一条龙"服务，颇有名气的道本香肠制作技术学校也应运而生。当年辞退他的校长早已忘了道本这一位曾经的校工，在得知著

名的董事长识字不多时，便十分敬佩地称赞他："道本先生，您没有受过正规的学校教育，却拥有如此成功的事业，实在是太不可思议了。"

道本诚恳地回答："真感谢您当初辞退了我，让我摔了跟头，从那之后我才认识到自己还能干更多的事情。否则，我现在肯定还是一位靠一点退休金过日子的校工。"

正如道本一样，成功者首先是从逆境中崛起的。逆境可以锻炼一个人的品格，也可以激发一个人向上发展的勇气和潜力。在逆境中，当被逼得退无可退、无路可走时，人们往往在最后的时刻想尽办法来自救，无形之中反而促成了人生的辉煌。所以，我们应该感谢逆境和难题，感谢其中所孕育的成功。

任何人都会或多或少遇到或大或小的坎坷颠簸，都有不顺的时候，这是很正常的，无须悲伤，无须抱怨，更不能绝望。世上没有绝望的处境，只有对处境绝望的人。只要勇敢面对，世界上没有过不去的坎。在我们陷入逆境时，一味地埋怨和诅咒是无济于事的，那只会让我们变得更加沮丧而觉得无望。与其苦苦等待，不如点燃自己手中仅有的"火种"和希望，去战胜黑暗，摆脱困境，为自己创造一个光明的前程。

在灰色的逆境中，不要让冷酷的命运窃喜，命运既然来凌辱我们，就应该用处之泰然的态度予以报复。命运从来不相信抱怨，只相信抗争命运的人。强者的生活就是面对和克服那些像潮流一样涌来的困难，他们不会放过"往上爬"的机会，因为他们经历了太多的逆境。在现实中，我们看到许多成功者都来自于不利的环境，但他们总能够勇敢地走出来。

永不丧失勇气的人永远不会被打败

乔很爱音乐，尤其是喜欢小提琴。在国内学习了一段时间之后，他把视线转到了国外，想出国深造，但是国外没一个认识的人，他到了那里如何生存呢？这些他当然也想过，但是为了自己的音乐之梦，他勇敢地踏出了国门。维也纳是他的目的地，因为那里是音乐的故乡。这次出国的费用家里辛辛苦苦地凑了出来，但是学费与生活费是无论如何也拿不出来了。所以，他虽然来到了音乐之都，却只能站在大学的门外，因为他没有钱。他必须先到街头上拉琴卖艺来赚够自己的学费与生活费。

很幸运地，乔在一家大型商场的附近找到一位为人不错的琴手，他们一起在那里拉琴。这个地理位置比较优越，他们挣到了很多钱。

但是这些钱并没有让乔忘记自己的梦想。过了一段时日，乔赚够了自己必要的生活费与学费，就和那个琴手道别了。他要学习，要进入大学进修，要在音乐的学府里拜师学艺，要和琴技高超的同学们互相切磋。乔将全部的时间和精力都投注在提升音乐素养和琴艺之中。十年后，乔有一次路过那家大型商场，巧得很，他的老朋友——那个当初和他一起拉琴的家伙，仍在那儿拉琴，表情一如往昔，脸上露着得意、满足与陶醉。

那个人也发现了乔，很高兴地停下拉琴的手，热络地说道："兄弟啊！好久没见啦！你现在在哪里拉琴啊？"

乔回答了一个很有名的音乐厅的名字，那个琴手疑惑地问道："那里也让流浪艺人拉琴吗？"乔没有说什么，只淡淡地笑着点了点头。

其实，十年后的乔，早已不是当年那个当街献艺的乔了，他已经成为一位音乐家，经常应邀在著名的音乐厅中登台献艺，早就实现了自己的梦想。

我们的才华、我们的潜力、我们的前程，如果没有胆量的推动，很可能只是一场镜花水月，当梦醒来，一切也就醒了。

生命是储存罐，里边有各种各样的财宝可以挖掘，如果想跟生活打交道，就必须学会使用勇气的开罐器，只有用百倍的勇气来同生活抗争，你才能从生命的储存罐里尝到甜头。

一个永不丧失勇气的人是永远不会被打败的。就像弥尔顿所说的："即使土地丧失了，那有什么关系。即使所有的东西都丧失了，但不可被征服的意志和勇气是永远不会屈服的。"如果你以一种充满希望、充满自信的精神进行工作的话，如果你期待着自己的伟业，并且相信自己能够成就这番伟业的话，如果你能展现出自己的勇气的话——任何事情都不能阻挡你前进，你可能遇到的任何失败都只是暂时性的，你最终必定会取得胜利。

另一方面，如果你觉得自己非常渺小，如果你认为自己是一个效率很低、微不足道的人，并且你不相信自己可以出色地完成任务的话——这就会限制你可能达到的人生高度。你不可能超越你的想象。自我贬低和害羞怯懦不但阻止了你的进步，而且严重损害了你的整个职业生涯，甚至还会损害到你的身体健康。

自信和勇气是积极的品质，而恐惧和焦虑则是消极的品质，二者在人的大脑中水火不容。你要么是强大有力、充满信心的，要么就是虚弱和感伤的，面对一项重大的工作你总是采取回避态度。任何破坏你勇气的东西都会破坏你的力量、你的效率及工作效能。

"勇气是在偶然的机会中激发出来的。"莎士比亚说。除非你让自己时刻保持一种接受勇气的态度，否则，你不要指望自己的身上会时时刻刻体现出巨大的勇气。在就寝前的每个夜晚，在起床时的每个清晨，你都要对自己说“我会做到的，我能行”，并以此作为自己坚定的信条，然后充满自信地勇敢前进。

历练太少，就会被挫折绊倒

学会及时总结得失，我们才会有良好的心态，宠辱不惊，面对生活给予我们的一切。学会及时总结得失，我们自己才会不断完善，一步一步迈向成功。

威廉·赛姆是美国著名投资大师。他的事业如日中天，在全球金融领域里，“威廉·赛姆”这几个字如雷贯耳。但在一次十拿九稳的投资中，他由于分析错误而损失了一大笔资产。

朋友与家人都对他很不满，可威廉·赛姆却异常沉着，将这次投资的整个分析过程一一回想，找到了产生错误的主要原因。紧接着，他又有了一次投资机会，家人与朋友都非常担心，害怕他不能从上一次的失败中解脱出来。但是威廉·赛姆毫不动摇，坚持要投资，并获得了成功。

在人漫长的一生中，谁也不能保证自己永远不犯错，但我们应该从错误中积累经验教训，而并非永远消沉。

有个渔人有着一流的捕鱼技术，被人们尊称为“渔王”。然而“渔王”年老的时候非常苦恼，因为他的三个儿子的渔技都很平庸。

于是他经常向人诉说心中的苦恼：“我真不明白，我捕鱼的技术这么好，儿子们的技术为什么这么差？我从他们懂事起就传授捕鱼技术给他们，从最基本的东西教起，告诉他们怎样织网最容易捕

到鱼，怎样划船最不会惊动鱼，怎样下网最容易请鱼入瓮。他们长大了，我又教他们怎样识潮汐，辨鱼汛……凡是我辛辛苦苦总结出来的经验，我都毫无保留地传授给了他们，可他们的捕鱼技术竟然赶不上技术比我差的渔民的儿子！”

一位路人听了他的诉说后，问：“你一直手把手地教他们吗？”

“是的，为了让他们学到一流的捕鱼技术，我教得很仔细很耐心。”

“他们一直跟随着你吗？”

“是的，为了让他们少走弯路，我一直让他们跟着我学。”

路人说：“这样说来，你的错误就很明显了。你只传授给了他们技术，却没传授给他们教训，对于才能来说，没有教训与没有经验一样，都不能使人成大器。”

孩子是在摔倒了无数次之后才学会走路的，伟人的发明创造更是经历了无数次失败之后才成功的。可口可乐董事长罗伯特·高兹耶达说：“过去是迈向未来的踏脚石，若不知道踏脚石在何处，必然会被绊倒。”教训和失败是人生历练不可缺少的财富。

在学习和工作中，刚开始的时候总是不够顺利，是因为我们还对那些事情很陌生，没有足够的经验。这个时候，我们要珍视每一次错误，珍视每一个操作的环节，要及时总结经验教训，只有吸取了经验教训，才能避免在以后的人生中再犯类似的错误。也只有积累了足够的经验，我们才能熟能生巧，做事情信手拈来。

失败不过是从头再来

如果看看世界上那些成功人士的生平经历，就会发现，那些声振寰宇的伟人，都是在经历过无数的失败后，又重新开始拼搏才获得最后的胜利的。

帕里斯的成功之路是艰辛的。

1510年，帕里斯出生在法国南部，他一直从事玻璃制造业，直到有一天看到一只精美绝伦的意大利彩陶茶杯。这一瞥，改变了他一生的命运。

“我也要造出这样美丽的彩陶。”这是他当时唯一的信念。

他建起煅炉，买来陶罐，打成碎片，开始摸索着进行烧制。

几年下来，碎陶片堆得像小山一样，可他心目中的彩陶却仍不见踪影，他甚至无米下锅了。迫不得已他只得回去重操旧业，挣钱来生活。

他赚了一笔钱后，又烧了3年，碎陶片又在砖炉旁堆成了大山，可仍然没有结果。

长期的失败使人们对他产生了看法。都说他愚蠢，是个大傻瓜，连家里人也开始埋怨他。他也只是默默地承受。

试验又开始了，他十多天都没有脱衣服，日夜守在炉旁。燃料不够了。他拆了院子里的木栅栏，怎么也不能让火停下来呀。又不够了！他搬出了家具，劈开，扔进炉子里。还是不够，他又开始拆屋子里的地板。噼噼啪啪的爆裂声和妻子儿女们的哭声，让人听了鼻子都是酸酸的。马上就可以出炉了，多年的心血就要有回报了，可就在这时，只听炉内“嘭”的一声，不知是什么爆裂了。所有的产品都沾染上了黑点，全成了次品。

眼看到手的成功，又失败了！帕里斯也感受到了巨大的打击，他独自一人到田野里漫无目的地走着。不知走了多长时间，优美的大自然终于使他恢复了心里的平静，他平静地又开始了下一次

试验。

经过16年无数次的艰辛实验，他终于成功了，而这一刻，他却一片平静。他的作品成了稀世珍宝，价值连城，艺术家们争相收藏。他烧制的彩陶瓦，至今仍在法国的卢浮宫上闪耀着光芒。

他的成功来得何等不易，在一次又一次的失败中一次又一次地重新站起，这正是帕里斯成功的秘诀。

奋斗者不相信失败。他们将错误当作是学习和发展新技能及策略的机会，而不是失败。有人认为失败一无是处，只会给人生带来阴暗。其实恰恰相反，人们从每次错误中可以学习到很多东西，并调整自己的路线，重新回到正确的道路上来。错误和失败是不可避免的，甚至是必要的；它们是行动的证明——表明你正在努力。你犯的错误越多，你成功的机会就越大，失败表示你愿意尝试和冒险。奋斗者应该明白：每一次的失败都使你在实现自己梦想的道路上前进了一步。

西奥多·罗斯福说："最好的事情是敢于尝试所有可能的事，经历了一次次的失败后赢得荣誉和胜利。这远比与那些可怜的人们为伍好得多，那些人既没有享受过多少成功的喜悦，也没有体验过失败的痛苦，因为他们的生活暗淡无光，不知道什么是胜利，什么是失败。"在这个世界上，有阳光，就必定有乌云；有晴天，就必定有风雨。从乌云中挣脱出来阳光会显得更加灿烂，经历过风雨的洗礼，天空才能更加湛蓝。人们都希望自己的生活平静如水，可是命运却给予人们那么多波折坎坷。此时，我们要知道，困难和坎坷只不过是人生的馈赠，它能使我们的思想更清醒、更深刻、更成熟、更完美。

所以，不要害怕失败，在失败面前，只有永不言弃者才能傲然面对一切，才能最终取得成功，其实，失败真的不过是从头再来！

每一次丢脸都是一种成长

我们曾经听说过很多在“丢脸”当中不断成长并最终取得了巨大成就的人，“英语口语教父”李阳就是其中之一。

李阳从英语不及格到成为著名的英语教师，从不敢接电话、不敢和陌生人说话，到全球著名的中英文演讲大师；从一个自卑的人，成长为千万人成功和自信的榜样；李阳创造了一个个奇迹，而在激励别人的时候，他总是喜欢说，我们要为热爱丢脸的人喝彩！

中国传统英语教学存在“不敢开口、不习惯开口”的两大心理障碍及怕丢脸、怕犯错误的心理陋习，李阳极力鼓励他的学生大声说英语。他认为疯狂英语的第一步就是要突破不敢开口、害怕丢脸的心理障碍。他说：“我特别喜欢犯错误丢人，因为你犯的错误越多，你的进步就越大。如果你想一辈子不犯错误，那么结果只有一个；当你 80 岁的时候，你仍然只会对人讲一句‘My English is very poor.’朋友们，请大家暂时把脸皮放进口袋里，尽管大声去说吧！重要的不是现在丢脸，而是将来不丢脸！于是，“I enjoy losing my face（我热爱丢脸）”就成了李阳和广大英语学习者的行动口号。

别怕犯错误丢脸，因为你犯下的错误越多，学到的知识和经验就越多，你进步的可能性就越大。可是，传统观念里，人们总是为了保住自己的颜面而努力着，甚至有一些人，为了面子问题丢失了性命也在所不惜。

公元前 206 年，项羽占有楚魏东部九郡之地，自封为西楚霸王，又违背先入关中者为关中工的前约，改封先入关中的刘邦为汉

王，刘邦心中非常不快。

项羽的谋臣“亚父”范增知道刘邦的不满，也知道他定会东山再起，于是建议项羽找借口杀掉刘邦。

项羽就把刘邦找来，准备封刘邦为汉中王，他若去，定有储备实力、自封为王之心；若不去，正好可以杀死他。

刘邦听说项羽召见，虽然明知此去凶多吉少，又不能公然抗命不去，便在心中盘算着怎样应对这场智斗。刘邦来到殿前，恭恭敬敬地伏在地上，谦恭的样子使项羽心中异常受用，当即放松了警惕，就对刘邦放行了。刘邦谢恩退出大殿，急忙回到自己的营地，稍加打点，便率军急匆匆地向巴蜀进发。他决心以巴蜀偏塞之地为依托，招兵买马，养精蓄锐，待力量充实了，再还三秦，谋取天下。项羽闻知刘邦率军已向巴蜀进发，才感到范增所言极是，立即派季布带三千人马前去追赶，然而为时已晚。

后来刘邦广纳贤才，休兵养士，最终在众贤士的帮助下，使得不可一世的西楚霸王自刎乌江，统一天下。

只因一句“无颜见江东父老“，项羽舍弃了自己的性命，自刎乌江。可见，面子问题一直是中国人的软肋，无数的英雄志士都在为了面子而纠结。

可是，人的一生，谁又能保证不犯错？谁又能一次面子都不丢呢？如果你想逃避丢脸而一辈子不犯错，那么结果只有一个：当你白发苍苍的时候，你仍然什么都不会，因为你什么都不曾尝试去做。

民谚云：“要了脸皮，饿了肚皮。”有时害怕丢一次脸，就是白白让出了一条路。所以，不要害怕丢脸，更不应该躲避“丢脸”的历练，而应该拿出自己的勇气，勇敢面对一次又一次的波折，让自己在一次又一次的“丢脸”当中成长起来。

使你痛苦的，也使你强大

想实现自己的梦想，就要有胆识有胆量，要勇敢地面对挑战，做一个生活的攀登者，只有这样才能攀上人生的顶峰，欣赏到无限的风景。有时候，白眼、冷遇、嘲讽会让弱者低头走开，但对强者而言，这也是另一种幸运和动力。

她从小就“与众不同”，因为小儿麻痹症，不要说像其他孩子那样欢快地跳跃奔跑，就连正常走路都做不到。寸步难行的她非常悲观和忧郁，当医生教她做一点运动，说这可能对她恢复健康有益时，她就像没有听到一般。随着年龄的增长，她的忧郁和自卑感越来越重，甚至，她拒绝所有人的靠近。但也有个例外，邻居家那个只有一只胳膊的老人却成为她的好伙伴。老人是在一场战争中失去一只胳膊的，老人非常乐观，她非常喜欢听老人讲故事。

这天，她被老人用轮椅推着去附近的一所幼儿园，操场上孩子们动听的歌声吸引了他们。当一首歌唱完，老人说道：“我们为他们鼓掌吧！”她吃惊地看着老人，问道：“你只有一只胳膊，怎么鼓掌啊？”老人对她笑了笑，解开衬衣扣子，露出胸膛，用手掌拍起了胸膛……

那是一个初春，风中还有几分寒意，但她却突然感觉自己的身体里涌动起一股暖流。老人对她笑了笑，说：“只要努力，一个巴掌一样可以拍响。你一样能站起来的！”

那天晚上，她让父亲写了一张纸条，贴到了墙上，上面是这样的一行字：“一个巴掌也能鼓掌。”从那之后，她开始配合医生做运动。无论多么艰难和痛苦，她都咬牙坚持着。有一点进步了，她

又以更大的受苦姿态，来求更大的进步。甚至在父母不在时，她自己扔开支架，试着走路。她坚持着，她相信自己能够像其他孩子一样，她要行走，她要奔跑……

11 岁时，她终于扔掉支架，她又向另一个更高的目标努力着，她开始锻炼打篮球和参加田径运动。

1960 年罗马奥运会女子 100 米跑决赛，当她以 11 秒 18 第一个撞线后，掌声雷动，人们都站起来为她喝彩，齐声欢呼着这个美国黑人的名字：威尔玛·鲁道夫。

那一届奥运会上，威尔玛·鲁道夫成为当时世界上跑得最快的女性，她共摘取了 3 枚金牌，也是第一个黑人奥运女子百米冠军。

生活中，我们能够听到这样的话："立即干""做得最好""尽你全力""不退缩""我们能产生什么""总有办法""问题不在于假设，而在于它究竟怎样""没做并不意味着不能做""让我们干""现在就行动"。这些都是攀登者热爱的语言。他们是真正的行动者，他们总是要求行动，追求行动的结果，他们的语言恰恰反映了他们追求的方向。

生活中，当我们遭到冷遇时，不必沮丧，不必愤恨，唯有尽全力赢得成功，才是最好的答复与反击。不因幸运而故步自封，不因厄运而一蹶不振。真正的强者，善于从顺境中找到阴影，从逆境中找到光亮，时时校准自己前进的目标，人生的冷遇也可能成为你幸运的起点。

磨砺到了，幸福也就到了

世间很多事情都是难以预料的，亲人的离去、生意的失败、失恋、失业等等打破了我们原本平静的生活，以后的路究竟应该怎么走？我们应当从哪里起步？这些灰暗的影子一直笼罩在我们的头上，让我们裹足不前。

难道生活真的就这么难吗？日子真的就暗无天日吗？其实，并不是这样的。在这个世界上，为何有的人活得轻松，而有的人却活得沉重？因为前者拿得起，放得下，后者是拿得起，却放不下。

很多人在受到伤害之后，一蹶不振，在伤痛的海洋里沉沦。只得到不失去的事情是不可能的，而一个人在失去之后，就对未来丧失信心和希望，又怎么在失去之后再得到呢？人生又怎能过得快乐幸福呢？

被誉为“经营之神”的松下幸之助9岁起就去大阪做一个小伙计，父亲的过早去世使得15岁的他不得不担负起生活的重担，寄人篱下的生活使他过早地体验了做人的艰辛。

22岁那年，他晋升为一家电灯公司的检察员。就在这时，松下幸之助发现自己得了家族病，已经有9位家人在30岁前因为家族病离开了人世。他没了退路，反而对可能发生的事情有了充分的精神准备，这也使他形成了一套与疾病作斗争的办法：不断调整自己的心态，以平常之心面对疾病，使自己保持旺盛的精力。这样的过程持续了一年，他的身体变得结实起来，内心也越来越坚强，这种心态也影响了他的一生。

患病一年来的苦苦思索，改良插座的愿望受阻后，他决心辞去公司的工作，开始独立经营插座生意。创业之初，正逢第一次世界大战，物价飞涨，而松下幸之助手里的所有资金少得可怜。公司成立后，最初的产品是插座和灯头，却因销量不佳，使得工厂到了难以维持的地步，员工相继离去，松下幸之助的境况变得很糟糕。

但他把这一切都看成是创业的必然经历，他对自己说："再下点工夫，总会成功的！已有更接近成功的把握了。"他相信：坚持下去取得成功，就是对自己最好的报答。功夫不负有心人，生意逐渐有了转机，直到6年后拿出第一个像样的产品，也就是自行车前灯时，公司才慢慢走出了困境。

1929年经济危机席卷全球，日本也未能幸免，产品销量锐减，库存激增。日本的战败使得松下幸之助变得几乎一无所有，剩下的是到1949年时达10亿元的巨额债务。为抗议把公司定为财阀，松下幸之助不下50次去美军司令部进行交涉。

一次又一次的打击并没有击垮松下幸之助，如今松下已经成为享誉全世界的知名品牌，这个品牌正是在不断的磨砺之中逐渐成长起来的。

如果当初在得知自己患上家族病的那一刻，松下就将自己埋没在悲观之中，那么，或许我们今天就不会看到松下这个品牌了。

生活中有各种各样我们想不到的事情，其实这些事情本身并不可怕，可怕的是我们无法从这件事情所造成的影响中抽身出来，尽早的以最新、最好的状态去投入下面的事情，哪怕我们现在身无分文，我们可以从身无分文起步，一点一滴地打拼，磨砺到了，幸福也就到了。

从来没有太晚的开始

这个世界上不会有人一生都毫无转机，穷人可能会腾达为富人，富人也可能沦落为穷人，很多事情都是发生在一瞬间。富有或贫穷，胜利或失败，光荣与耻辱，所有的改变都会在一瞬间发生。

比如，一个人要戒烟，如果他总认为戒烟是一个渐进的、缓慢的过程，要逐渐地戒，那他永远也戒不了烟；他只有在某天突然醒悟，才会痛下决断，马上坚决采取戒烟措施，才有可能戒掉烟。

CNN的老板特德·特纳，年轻时是一个典型的花花公子，从不安分守己，他的父亲也拿他没办法。他曾两次被布朗大学除名。不久，他的父亲因企业债务问题而自杀，他因此受到了很大的触动。他想到父亲含辛茹苦地为家庭打拼，他却在胡作非为，不仅不能帮助父亲，反而为父亲添了无数麻烦。他决定改变自己的行为，要把父亲留给自己的公司打理好。从此他像变了一个人，成了一个工作狂，而且不断寻找机会，壮大父亲留下的企业，最终将CNN从一个小企业变成了世界级的大公司。

其实，人的改变就在一瞬间，只要我们思想上有了一种强烈的要改变的意识，并下定决心，变化就会出现。一瞬间的改变可以成就一个人的一生，也可以毁灭一个人的一生，所以，我们不能忽视一瞬间的力量。

鲁迅认为中国落后是因为中国人的体格不行，被称作东亚病夫，于是他去日本学习医学。但一次在课间看电影的时候，他看到日本军人挥刀砍杀中国人，而围观的中国人却一脸的麻木，当时其他的日本同学大声地议论："只要看中国人的样子，就可以断定中国必然灭亡。"鲁迅思想上顿时发生了改变，他说："由此我觉得医学并非一件紧要事，凡是愚弱的国民，即使体格如何健全，如何茁壮，也只能做毫无意义的示众的材料和看客，病死多少是不必以为不幸的，所以我的第一要素是在改变他们的精神，而善于改变精神的是，我那时以为当然要推文艺，于是想提倡文艺运动了。"从此，

鲁迅决定弃医从文，以笔为枪，去唤醒沉睡中的中国，中国也多了一位伟大的思想家和文学家。

禅宗讲求顿悟，认为人的得道在于顿悟，在于一刹那的开悟。其实人生也是这样，人思想的改变就在一瞬间。

当我们顿悟后，我们就能洞察生命的本性，从被奴役的生活走向自由的道路，将蕴藏在内心的仁慈和潜能都充分发挥出来。

一个人想要达到成功的巅峰，也需要顿悟，从你的内心深处升起的那份卓越的渴望，将会在瞬间改变你的一生。

心有空余，才能装物

归零的心态就是一切从头再来，就像大海一样把自己放在最低点，吸纳百川。归零的心态就是空灵、谦虚的心态，它并不是一味地否定过去，而是要怀着否定或者说放下过去的一种态度，去接纳新事物，追求更多的收获。有句话说：谦虚是人类最大的成就。谦虚让你得到尊重。越饱满的麦穗越弯腰，不要自以为是，虚心使人进步，骄傲使人落后。

知了看见大雁在空中自由自在地飞翔，十分羡慕，就请大雁教它飞翔，大雁高兴地答应了。

但学习是一件很辛苦的事。大雁给它讲怎样飞，它听了几句，就不耐烦地说："知了！知了！"大雁让它多试着飞一飞，它只飞了几次，就自满地嚷道："知了！知了！"秋天到了，大雁要到南方去了，知了虽然很想和大雁一起远行，可是，它扑腾着翅膀，怎么也飞不高。

望着大雁在云霄之上高飞，知了十分懊悔自己当初太自满，没有努力练习。可为时已晚，它只好叹息道：“迟了！迟了！”

在现实生活中，有多少人像知了一样自以为是，结果在最后只有感叹“迟了”。自满者总是认为自己能力很高，不能虚下心弯下腰，这样的故步自封，只会让自己走向退步。

古时候一个佛学造诣很深的修行者，听说某个寺庙里有位德高望重的老禅师，便去拜访。老禅师的徒弟接待他时，他态度傲慢，心想：“我是佛学造诣很深的人，你算老几？”后来老禅师十分恭敬地接待了他，并为他沏茶。可在倒水时，明明杯子已经满了，老禅师还不停地倒。他不解地问：“大师，为什么杯子已经满了，还要往里倒？”禅师说：“是啊，既然已满了，干吗还倒呢？”禅师的意思是，既然你已经很有学问了，为什么还要到我这里求教？

老禅师无疑是个智者，他看出修行者过于自满，未必能从自己这里学到真东西。我们每个人都一样，若太过骄傲，就无法虚心向别人学习。

很多人都这样认为：自己学过的东西是不会消失的，只要保有它们，就不愁吃不到饭。但在进步的社会中，不刷新你的知识，是很容易贬值的，人们常说“谦虚使人进步”，谦就是一种礼貌，一种礼节上的心态，虚就是一种空杯心态，把自己归零去学习。

人的生存环境不同，立场角度各异，同样的事例故事，讲述的角度不同，对他来说可能是有道理的，对你却显得荒谬。如此，在我们没有明晰一种观点所体现的立场、生存环境、角度、寓意，请先行接纳，然后理性反思剔除。自以为是的害处只能导致盲目自大，尔后自欺，然后欺人。

一个已经装满了水的杯子难以再装下别的东西，人心也是

如此。

人们生来本站在同一起跑线上，可为什么所达到的高度不同？有的功成名就，有的却一事无成？主要在于，前者总是“留一些空杯子”虚心接纳，而后者却自我满足，自以为是，最终自己淘汰了自己。

人生旅行，就是汲取各种养分、滋养生命的过程。如果我们带着太多的自满上路，就像那个装满水的杯子，再也容不得半点水进入，这将是人生最大的悲哀。在人生的旅途中，每一个即将上路或已在路上的年轻人，一定要牢记，不论什么时候，都要给自己留一些“空杯子”，虚心求教。学无止境，心有空余，才能装物。

不畏将来，不念过往

年轻的时候，玛丽比较贪心，什么都追求最好的，拼了命想抓住每一个机会。有一段时间，她手上同时拥有十三个广播节目，每天忙得昏天暗地，她形容自己：“简直累得跟狗一样！”

事情都是双方面的，所谓有一利必有一弊，事业愈做愈大，压力也愈来愈大。到了后来，玛丽发觉拥有更多、更大不是乐趣，反而是一种沉重的负担。她的内心始终被一种强烈的不安全感笼罩着。

1995年“灾难”发生了，她独资经营的传播公司被恶性倒账四五千万美元，交往了七年的男友和她分手……一连串的打击直奔她而来，就在极度沮丧的时候，她冒出了结束自己生命的念头。

在面临崩溃之际，她向一位朋友求助：“如果我把公司关掉，我不知道我还能做什么？”朋友沉吟片刻后回答：“你什么都能做，别忘了，当初我们都是从‘零’开始的！”

这句话让她恍然大悟，也让她勇气再生：“是啊！我们本来就是一无所有，既然如此，又有什么好怕的呢？”就这样念头一转，没有想到在短短半个月之内，她连续接到两笔很大的业务，濒临倒闭的公司起死回生，又重新正常运转了起来。

历经这些挫折后，让玛丽体悟到人生无常的一面，费尽了力气去强求，虽然勉强得到，最后留也留不住；反而是一旦放空了，随之而来的是更大的能量。

她学会了“生活的减法”。为了简化生活，她谢绝应酬，搬离了150平方米的房子。索性以公司为家，在一间小小的办公室里，淘汰不必要的家当，只留下一张床，一张小茶几，还有两只作伴的狗儿。

玛丽忽然发现，原来一个人需要的其实那么有限，许多附加的东西只是徒增无谓的负担而已。朋友不解地问她：“你为什么都不爱自己了？”她回答：“我现在是从内爱自己。”

对于过去发生的事情，我们无能为力。关于未来，它还没有发生，我们对于它的一切不过是想象。只有此刻，才是最真实的，也只有抓住此刻，才是最幸福的，才是最懂得疼爱自己的。

有人喜欢抓住过去不放，总是活在过去里，对往事缅怀。可是过去的事情里，我们大概忘记了兴奋与激情了吧，只有悲伤还残存在记忆中。于是我们每天都在咀嚼自己的痛苦，用过去的事情来折磨自己。

就像玛丽那样，以为没有了自己，什么事情都做不了，这样的想法是不对的；以为没有了一切，自己就活不下去，这也是不对的。宇宙间的事情，不是谁没有了谁就延续不下去的，只要我们愿意，我们随时都可以从零开始。

抛开过去，就在今天全部归零，我们才能整装待发，快乐出行。

让过去的过去，未来的才能来

当刘翔从北京奥运会赛场上退下来的时候，他说，下一次一定会做得很好；当程菲因为一个动作而出现失误的时候，她说，下一次一定会吸取教训。尽管因为没有注意到自己的伤而导致不能坚持到最后，但是刘翔没有一直活在悔恨之中，而是鼓足了勇气面对未来的路；尽管练习了多次的动作没能发挥到最好，但是程菲也没有抓住自己过去所犯的错误不放，而是在总结了经验之后，期待另一次精彩的绽放。

可是，在生活中，有太多的人喜欢抓住自己的错误不放：没能抓住发展的机遇，就一直怨恨自己不具慧眼；因为粗心而算错了数据，就一直抱怨自己没长大脑；做错了事情伤害到了别人，会为没有及时道歉而自责很久……

人生一世，花开一季，谁都想让此生了无遗憾，谁都想让自己所做的每一件事都永远正确，从而达到预期的目标，可这只能是一种美好的幻想。

人不可能不做错事，不可能不走弯路。做了错事，走了弯路之后，有谴责自己的情绪是很正常的，这是一种自我反省，是自我解剖与改正的前奏曲，正因为有了这种“积极的谴责”，我们才会在以后的人生之路上走得更好、更稳。但是，如果你纠缠住“后悔”不放，或羞愧万分，一蹶不振；或自惭形秽，自暴自弃，那么你的这种做法就是愚人之举了。

卓根·朱达是哥本哈根大学的学生。有一年暑假，他去当导游，因为他总是高高兴兴地做了许多额外的服务，因此几个芝加哥来的游客就邀请他去美国观光。旅行路线包括在前往芝加哥的途中，到华盛顿特区做一天的游览。

卓根抵达华盛顿以后就住进威乐饭店，他在那里的账单已经预付过了。他这时真是乐不可支，外套口袋里放着飞往芝加哥的机票，裤袋里则装着护照和钱。所有的一切都很顺利，然而，这个青年突然遇到晴天霹雳。

当他准备就寝时，才发现由于自己的粗心大意，放在口袋里的皮夹不翼而飞。他立刻跑到柜台那里。

“我们会尽量想办法。”经理说。

第二天早上，仍然找不到，卓根的零用钱连两块钱都不到。因为一时的粗心马虎，让自己孤零零一个人呆在异国他乡，应该怎么办呢？他越想越是生气，越想越是懊恼。

这样折腾了一夜之后，他突然对自己说：“不行，我不能再这样一直沉浸在悔恨当中了，我要好好看看华盛顿，说不定我以后没有机会再来，但是现在仍有宝贵的一天呆在这个地方。好在今天晚上还有机票到芝加哥去，一定有时间解决护照和钱的问题。”

“我跟以前的我还是同一个人，那时我很快乐，现在也应该快乐呀。我不能因为自己犯了一点错误就在这白白的浪费时间，现在正是享受的好时候。”

于是他立刻动身，徒步参观了白宫和国会山，并且参观了几座大博物馆，还爬到华盛顿纪念馆的顶端。他去不成原先想去的阿灵顿和许多别的地方，但他能看到的，他都看得更仔细。

等他回到丹麦以后，这趟美国之旅最使他怀念的却是在华盛顿漫步的那一天——因为如果他一直抓住过去的错误不放，那么这宝贵的一天就会白白溜走。

放下过去的错误，向前看，才能有更多的收获。我们一生当中会犯很多错误，如果每一次都抓住错误不放，那么我们的人生恐怕只能在懊悔中度过。很多事情，既然已经没有办法挽回，就没有必要再去惋惜悔恨了。与其在痛苦中浪费时间，还不如重新找一个目标，再一次奋发努力。

唯有边走边弃，才能走得更远

淑娟是某校一位普通的学生，她曾经沉浸在考入重点大学的喜悦中，但好景不长，大一开学才两个月，她就对自己失去了信心：连续两次与同学闹别扭，功课也不能令她满意，她对自己失望透了。她自认为是一个坚强的女孩，很少有被吓倒的时候，但她没想到大学开学才两个月，自己就对大学四年的生活失去了信心。她曾经安慰过自己，也无数次试着让自己抱以希望，但换来的却只是一次又一次的失望。

以前在中学时，几乎所有老师跟她的关系都很好，很喜欢她，她的学习状态也很好，学什么会什么，身边还有一群朋友，那时她感觉自己像个明星似的。但是进入大学后，一切都变了，人与人的隔阂是那样的明显，自己的学习成绩又如此糟糕。现在的她很无助，她常常想："我并未比别人少付出，并未比别人少努力，为什么别人能做到的，我却不能呢？"

进入一个新的学校，新生往往会不自觉地与以前相对比，而当困难和挫折发生时，产生"回归心理"更是一种普遍的心理状态。淑娟在新学校中缺少安全感，不管是与人相处方面，还是自尊、自信方面，这使她长期处于一种怀旧、留恋过去的心理状态中，如果不去正视目前的困境，就会更加难以适应新的生活环境、建立新的自信。

不能尽快适应新环境，就会导致过分的怀旧。一些人在人际交往中只能做到“不忘老朋友”，但难以做到“结识新朋友”，个人的交际圈也大大缩小。此类过分的怀旧行为将阻碍着你去适应新的环境，使你很难与时代同步。回忆是属于过去的岁月的，一个人应该不断进步。我们要试着走出过去的回忆，不管它是悲还是喜，不能让回忆干扰我们今天的生活。

一个人适当怀旧是正常的，也是必要的，但是因为怀旧而否认现在和将来，就会陷入病态。

不要总是表现出对现状很不满意的样子，更不要因此过于沉溺在对过去的追忆中。当你不厌其烦地重复述说往事，述说着过去如何如何时，你可能忽略了今天正在经历的体验。把过多的时间放在追忆上，会影响你的正常生活。

我们需要做的，是尽情地享受现在。过去的东西再美好抑或再悲伤，那毕竟已经因为岁月的流逝而沉淀。如果你总是因为昨天错过今天，那么在不远的将来，你又会回忆着今天的错过。在这样的恶性循环中，你永远是一个迟到的人。

隆萨乐尔曾经说过：“不是时间流逝，而是我们流逝。”不是吗？在已逝的岁月里，我们毫无抗拒地让生命一点一滴地流逝，却做出了分秒必争的滑稽模样。

说穿了，回到从前也只能是一次心灵的谎言，是对现在的一种不负责的敷衍。史威福说：“没有人活在现在，大家都活着为其他时间做准备。”所谓“活在现在”，就是指活在今天，今天应该好好地生活。这其实并不是一件很难的事，我们都可以轻易做到。

太阳每天都是新的

人的一生中会遇到各种各样的困难和挫折，逃避和消沉是解决不了问题的，唯有以乐观的阳光心态去迎接生活的挑战，才有机会成功。阳光的人每天都拥有一个全新的太阳，积极向上，并能从生活中不断汲取前进的动力。

“不论担子有多重，每个人都能支持到夜晚的来临，”19世纪的浪漫主义代表、小说《金银岛》的作者罗勃·史蒂文生写道，“不论工作有多苦，每个人都能做他那一天的工作，每一个人都能很甜美、很有耐心、很可爱、很纯洁地活到太阳下山，而这就是生命的真谛。”不错，生命对我们所要求的也就是这些。可是住在密歇根州沙支那城的薛尔德太太，在学到“要生活到上床为止”这一点之前，却感到极度的颓丧，甚至于几乎想自杀。

1937年薛尔德太太的丈夫死了，她觉得非常颓丧——而且几乎一文不名。她写信给她以前的老板李奥罗区先生，请他允许她回去做她以前的老工作。她以前靠推销世界百科全书过活。

两年前她丈夫生病的时候，她把汽车卖了，如今于是她勉强凑足钱，分期付款才买了一部旧车，又开始出去卖书。

她原想，再回去做事或许可以帮她解脱她的颓丧。可是要一个人驾车，一个人吃饭，几乎令她无法忍受。有些区域简直就做不出什么成绩来，虽然分期付款买车的数目不大，却很难付清。

1938年的春天，她在密苏里州的维沙里市，见那儿的学校都很穷，路很坏，很难找到客户。她一个人又孤独又沮丧，有一次甚至想要自杀。她觉得成功是不可能的，活着也没有什么希望。

每天早上她都很怕起床面对生活。她什么都怕，怕付不出分期付款的车钱，怕付不出房租，怕没有足够的东西吃，怕她的健康情况变坏而没有钱看医生。让她没有自杀的唯一理由是，她担心她的姐姐会因此而觉得很难过，而且她姐姐也没有足够的钱来支付自己的丧葬费用。

然而有一天，她读到一篇文章，使她从消沉中振作了起来，使她有勇气继续活下去。她永远感激那篇文章里那一句令人振奋的话："对一个聪明人来说，太阳每天都是新的。"

她用打字机把这句话打下来，贴在她的车子里，这样，在她开车的时候，每一分钟都能看见这句话。她发现每次只活一天并不困难，她学会了忘记过去，不想未来，每天早上都对自己说："今天又是一个新的生命。"

她成功地克服了对孤寂和对需要的恐惧。她现在很快活，也还算成功，并对生命充满了热忱和爱。她也知道，不论在生活上碰到什么事情，都不要害怕；她也知道，不必怕未来，每次只要活一天——而"对一个聪明人来说，太阳每天都是新的"。

在日常生活中可能会碰到令人兴奋的事情，也同样会碰到令人消极的、悲观的坏事，这本来应属正常，但如果我们的思维总是围着那些不如意的事情转动的话，也就相当于往下看，那么，终究会摔下去的。因此，我们应尽量做到脑海想的、眼睛看的，以及口中说的都应该是光明的、乐观的、积极的，相信每天的太阳都是新的，每一天都是一个新的开始。

第四章

终究要受伤，才会学着聪明

与其愤怒，不如自嘲

自嘲，是一面镜子，每当你对着它照的时候，看到的肯定不是你的优点，而是你的缺点。每当你在面对这面“镜子”时，也许你会并不满意地对着自己笑一笑，对着镜子里的你自嘲一番，此时你心中的烦恼也就将随风而去。敢于自嘲的人，往往是乐观豁达的人，有一种敢打敢拼、敢做敢为的性格。

古时候，有一个文人叫梁灏，少年时曾立下誓言，不考中状元誓不为人。然而时运不济，屡试不中，受尽别人的讥笑。但梁灏并不在意，他总是自我解嘲地说，考一次就离状元近了一步。他在这种自嘲的心理状态中，从后晋天福三年（938年）开始应试，历经后汉、后周，直到宋太宗雍熙二年（985年）才考中状元。他写过一首自嘲诗：

“天福三年来应试，雍熙二年始成名。饶他白发头中满，且喜青云足下生。观榜更无朋侪辈，到家唯有子孙迎。也知少年登科好，怎奈龙头属老成。”

勇于自嘲使梁灏走过了漫长的坎坷之路，终于成功，同时也使他走向了长寿，活到九旬高龄。

所以说，自嘲作为生活中的一种艺术，它具有协调心理和干预生活的功能。它不但能给人减少烦恼，增添快乐，还能帮助人更清楚地认识真实的自己，战胜自卑的心态，应付周围众说纷纭评价带来的负面压力，摆脱心中种种不平衡和失落的挫败感，获得精神上

的满足与成功。一般人总以为嘲笑自己错了是一件非常丢脸的事，其实事情并非如此，嘲笑自己的过失也是一种学问。自嘲通常通过运用语言来完成，因此带有强烈的个性化色彩。

美国有一位著名演说家叫巴尔德，他头秃得非常厉害，在他头顶上很难找到几根头发。在他过生日那天，有很多朋友来给他庆贺生日，妻子悄悄地劝他戴顶帽子。卡瓦斯却大声对着客人说："我的妻子劝我今天戴顶帽子，但是你们不知道秃头有很多好处，比如说我是第一个知道下雨的人！"这句嘲笑自己的话，一下子使聚会的气氛变得轻松起来。

由此可见，敢于自嘲，还可以使人们扭转局面，摆脱窘境。其实，每个人都会有缺点，每个人的人生也都会有所缺憾，对人对事，谁都难免会遇上尴尬的处境。所以，当别人指出我们的缺点时，我们不妨笑着接受，因为那是你可能永远无法更改的现实。那些不愿意面对现实甚至逃避现实的人，都不会心平气和地接受和看待别人的指责或批评，而会怒目相对或反唇相讥，这就会将气氛弄僵，使关系逐渐恶劣。

受到批评或反驳的人，之所以会有反常的激烈举动，是一种心理脆弱、缺乏勇敢性格特质的表现。他们不愿承认别人所说的是真的，即使他们自己心里知道，也以为别人不知道。一旦别人挑明了，他们自然就承受不了，立刻激烈地百般狡辩、抵赖。

而受到批评，能尽力改进、自嘲面对的人，一定是一个谦虚、勇敢的人。身处在大千世界纷繁的环境，面对形形色色的人，不受到批评或嘲讽是不可能的，所以每个人都应该有意识地培养自己勇敢自嘲的能力，以帮助自己在人生的路上尽早达成自己的目标，实现自己的人生价值。

美国前总统林肯从小就有自卑感，他就是通过自嘲来克服自卑，培养自己成功的信念的。林肯相貌非常丑陋，但他不但不忌讳这一点，相反，他常常诙谐地拿自己的长相开玩笑。在竞选总统时，他的对手攻击他两面三刀，搞阴谋诡计。林肯听了指着自己的脸说："让公众来评判吧，如果我还有另一张脸的话，我会用现在这一张吗？"

对于每一个人来说，面子是一个大问题，因为人人都要争面子、抢面子，不敢嘲笑自己就是为了不丢面子。其实，正是由于不敢自嘲，有很多人才丢了更大的面子。成大事者必须不怕丢脸面，放下架子，才能最后为自己挣回脸面。我们可以从林肯的身上发现，一个人生理缺陷越大，他的自卑感就越强，于是，成就大业的"本钱"也就越多。林肯身上的自卑感，已经变成他成功的"重要筹码"，而自嘲正是他自我超越的有利手段。

在人生的旅途中，几乎每个人都会遇到一些让人难堪的场面。这时如果能沉着应对，学会自嘲，就会变被动为主动，保持心理平衡。适时自嘲，不仅能化解尴尬，也能免除可能发生的争吵。如果没有这份雅量，生活就会增添很多不愉快。"学会自嘲"是现代人平息心理烦躁的良药。

总而言之，一个懂得并掌握"自嘲"方法的人，就等于掌握了摆脱困境、制造愉快的能力和反嘲别人的武器。所以，在生活中，面对他人的指责、嘲讽和批评，不妨让自己勇敢地面对——学会自嘲。

残缺也是一种美

有的人常常把自己的注意力放在自己的缺陷和缺点上，自然而

然地就觉得自己不够好，很自卑。这种人总是觉得自己的生活不圆满，这也不如意，那也不舒心，于是导致自己心情抑郁，觉得生活无味。

实际上，残缺也是一种美，缺憾和损伤通常是我们进入另一种美丽的契机。不完美只是生活的一部分，拥有缺陷是人生另一种意义上的丰富与充实。任何人都有缺点，重要的是看你如何看待它，如果能将这些“缺点”转化为“优势”，将这个“优势”好好发挥并运用，就能得到更好的效果。其实，有些缺点也许恰恰在不经意间铸就了另一种人生。

有一位农夫，他有两个水桶，分别吊在扁担的两头，其中一个桶有裂缝，另一个则完好无缺。在每趟长途的挑运之后，完好无缺的桶，总是能将满满一桶水从溪边送到家中，但是有裂缝的桶到家时，却剩下半桶水。

多年以来，农夫就这样每天挑一桶半的水回家。当然，好桶对自己能够送满整桶水感到很自豪，而破桶则对于自己的缺陷感到非常羞愧，它为只能装一半的水而难过。

饱尝了多年失败的苦楚，破桶终于忍不住了，在小溪旁对农夫说：“我很惭愧，必须向你道歉。”

“为什么呢？”农夫问道，“你为什么觉得惭愧？”

破桶回答说：“过去几年，因为我身上有道裂缝，每次只能送半桶水到家，我的缺陷，使你做了全部的工作，却只收到一半的成果。”

农夫替破桶感到难过，他和蔼地说：“在我们回家的路上，我要你注意看看路旁。”

走在回家的山坡上，破桶突然眼前一亮，它看到在温暖的阳光之下，缤纷的花朵开满了路的一旁，这美丽的景象使它开心了很多。

然而，回到家后，它又难受了，因为一半的水又在路上漏掉了！破桶再次向农夫道歉。

农夫温和地说：“难道你没有注意到小路两旁，只有你的那一边有花，好桶的那一边却没有花吗？我一直都知道你有缺陷，但我善加利用，在你那边的路旁我撒了花种。每次我从溪边回来，你就替我一路浇了花。多年来，这些美丽的花朵装饰了我的餐桌。如果你没有这个缺陷，我的桌上也没有这么好看的花朵了。”

这则小故事告诉我们，人生不需要太幸福，太圆满。当生命中有个小小的缺口，也是很美的一件事，它让我们永远有追求幸福的动力。正视缺陷，它或许能将我们带入另一片风景。所以，我们可以选择走出不完美的心境，而不是在不完美里哀叹。假如我们一味地追求所谓的完美，就不可能轻轻松松地面对生活了。

一个终日消沉的艺术家说：“如果我没有完美主义，那我只是一个平平庸庸的人，谁愿意空活百岁，碌碌无为呢？”这位艺术家把完美主义看成了自己为取得成功必须付出的代价。他相信实现完美是他达到理想高度的唯一途径。但是实际情况呢？他对失败的恐惧使他做事都如履薄冰，他的作品总是缺乏一种艺术的力度。

完美主义者最普遍的思维方法是“要么全有，要么全无”。研究表明，这种强迫性的完美主义不利于人的心理健康，也会影响工作效率和人际关系，甚至会导致人的自尊心受到严重损害，以致自我挫败。

完美主义者以非逻辑、歪曲的思维方法看待生活。在人际交往中，他们常常会感到孤独，这是因为他们害怕自己的意见不被采

纳，使自己的完美形象受到影响。他们总是为自己的言行辩解，对别人却品头论足，指指点点。这样的做法常常伤害别人，影响朋友、同事之间的关系，导致他们陷入孤独的境地。

从前，有位渔夫从海里捞到一颗晶莹剔透的大珍珠。他非常高兴，爱不释手。但美中不足的是珍珠上面有个小黑点。渔夫想，如果能够把小黑点去掉，珍珠将完美无瑕，变成无价之宝。于是渔夫剥掉一层壳，但黑点仍旧存在；再剥一层，黑点还在；一层层地剥到最后，黑点终于没有了，但是珍珠也不复存在了。

从故事中我们看到，渔夫想得到的是完美，但在他消除了所谓的不足时，美也消失在他追求完美的过程中了。其实，有黑点的珍珠只是白璧微瑕，而且正是其不着痕迹、浑然天成的可贵之处。这种美，美得朴实，美得自然，美得真切。美并不等于完整无缺，就如同缺失双臂的维纳斯，正是那双断臂能给人以无限的遐想，美也就在这样一种遗憾和遐想中达到了极致。

因此，要求自己时时保持完美是一种残酷的自我主义。人生并没有真正的完美，完美只是在理想中存在。刻意去追求完美会使人疲惫不堪。而正是因为有了残缺，我们才有希望，才有梦想。当我们为希望和梦想而付出努力时，我们就会发现缺陷自有它的美丽之处。

没有人比你更值得爱

我们常常被教导要爱别人，但是很多人都忽视了：爱别人的前提是爱自己。只有爱自己，你才懂得爱别人。

有一天，有个人向大师求教："我该如何学习爱我的邻人？"

大师说："不再恨自己。"

这个人回去反复思索大师的话，而后回来禀告大师："但是我发现我过分地爱护自己，因为我相当自私，且自我意识甚强，我该如何除去这些缺点？"

大师说："对自己友善一点，当自我感到舒畅时，你就能自由自在地爱你的邻人了。"

所以，首先爱自己吧！其实爱自己并不难，和爱一个人没有不同。如果你曾经真正投入地去爱一个人，你就会明白"爱"意味着什么。爱一个人时你在打开、包容，那时你并不计较他（她）有什么缺点，或者对你的态度，你只是完整地接受，完整地奉献，这就是为什么会说"爱到深处人孤独"，因为这是全情地投入，忘我地奉献的必然结果。

爱自己，首先就意味着要对自己诚实，正视自我的存在，完全地信任自我。你要关注自己内心的感受，倾听内心深处的声音；爱自己还意味着要用新的眼光看待自己，使自己完全投入到生活当中，而不是觉得自己还不够资格投身人生的赛场而一味徘徊不前；爱自己意味着允许自己成长并达到所能设想的最高境地，意味着你应该作为人类的一分子来敬畏你自己的人性本质和无限潜力。当然，爱自己不必向他人夸口，你只是自然地发现自己是一部精致的杰作。

而自卑者之所以自卑，就是因为他们无法接受自己的缺陷或过分夸大自己的不足，从而导致了对自己的厌恶和怀疑。其实无论是不接受自己的缺陷，还是过分夸大自己的不足，它们的实质是一样的。拒绝承认自己的不足是种掩耳盗铃的做法，就像阿Q一样，是

其骨子里自卑感在作怪；而夸大自己的缺陷则往往是因为底气不足，预先为自己的失败找一个台阶，以逃避对失败的责任。但形成习惯之后，人往往就会确信自己确实存在其想象中的不足了。

所以，要提高自己的自信心，首先就要学会爱自己，接纳自己。在这世界上没有人比你自己更值得爱。而爱自己就是既要接受自己的优点，又要接受自己的缺点。

试着站在一面镜子面前，注意观察你的面孔和全身，在这过程中要注意自己的感受。可能，你会更喜欢看到某些部位，而不喜欢另外一部分。如果你是和绝大多数人一样，那么，你会发现有些地方是不怎么耐看的，因为它会使你不安或不愉快。可能你会看到脸上有一些你所不想看到的痛苦表情；可能你看到了时光在你脸上留下的痕迹，且无法忍受随之而来的想法和情感。于是，你想逃避、否认、不承认自己的容貌。

但请你注视镜子里的形象，多坚持一会儿，并试着对自己说“无论我的缺陷是什么，我都无条件地完全接受”。望着镜子，深呼吸并反复说这句话，重复一两分钟，放慢语速。

或许你真的不欣赏镜子里看到的一些东西，但“接受”不一定是喜欢。它只是让你去直面现实，让你体验：“哦，这就是我，我接受它！”

每天坚持做两次这样的训练，不久你就会发现：你的自尊心和自信心提高了，你与自己的距离更近了，而你对自身的不足也能以一种超越的心态去面对了。

自我接受看似简单，而实际上它是我们获取进步和发展的先决条件。因为只有这样，我们才会更全面地认识自己行为的性质，进而更自信地评价自己。

在接受自己的基础上，我们还要学会自我解嘲。当一个人能够以幽默的方式嘲笑自己的不足时，他就能够获得超然的心境。正如心理学家波希霍汀所说："不要对自己太过严肃，对自己的一些愚蠢的念头，不妨'开怀一笑'，一定能将它们笑得不见踪影。"

其实，对于接受传统教育的中国人来说，爱自己还是不容易理解，因为长久以来，大家一直有一种误解，认为那是自私的表现。

其实，爱自己与自私、自恋有本质的区别。自爱是种自我珍惜的情感，意味着接纳自我的同时会去珍爱这个世界。自私是以个人利益为中心，不顾他人的利益的一种选择，而自恋则是种以自我为中心的极端的自我。

所以，请转变我们的观念吧，我们应该爱别人，但世界上没有人比你自己更值得爱。爱自己意味着信任自我，表达着一种高度的自知和高度的自信。

车到山前必有路

世上有许多的事情是难以预料的。成功伴随着失败，失败伴随着成功。面对成功或荣誉，不要狂喜，也不要盛气凌人，把功名利禄看轻些，看淡些；面对挫折或失败，也不要忧伤，更不要自暴自弃，把厄运羞辱看远些，相信车到山前必有路，自己始终会有新的机会。

苹果电脑的CEO斯蒂夫·乔布斯曾经流落街头，甚至被自己创立的公司开除，但他始终相信，车到山前必有路。下面是他在斯坦福大学为毕业生做的讲演中的一段话，对面对未知不知该怎么办的人而言非常有益。

"我的养父母都是工人阶级，他们倾其所有资助我的学业。在进入里德大学6个月之后，我发现自己完全不知道这样念下去究竟

有什么用。当时，我的人生漫无目标，也不知道大学对我能起到什么帮助。为了念书，还花光了父母毕生的积蓄，所以我决定退学。

“我相信车到山前必有路。当时作这个决定的时候非常害怕，但现在回头去看，这是我这一生所作出的最正确的决定之一。从我退学那一刻起，我就再也不用去上那些我毫无兴趣的必修课了，我开始旁听那些看来比较有意思的科目。

“这件事情做起来一点都不浪漫。因为没有自己的宿舍，我只能睡在朋友房间的地板上；可乐瓶的押金是 5 分钱，我把瓶子还回去好用押金买吃的；在每个周日的晚上，我都会步行 11 千米穿越市区，到科瑞斯纳教堂吃一顿免费大餐。

“我跟随好奇心和直觉所做的事情，事后证明大多数都是极其珍贵的经验。我举一个例子：那个时候，里德大学提供了全美最好的书法教育。整个校园的每一张海报，每一个抽屉上的标签，都是漂亮的手写体。由于已经退学，不用再去上那些常规的课程，于是我选择了一个书法班，想学学怎么写出一手漂亮字。在这个班上，我学习了各种衬线和无衬线字体，如何改变不同字体组合之间的字间距，以及如何做出漂亮的版式。那是一种科学永远无法捕捉的充满美感、历史感和艺术感的微妙，我发现这太有意思了。

“而在当时，我压根儿没想到这些知识会在我的生命中有什么实际运用价值，但是 10 年之后，当我们设计第一款 Macintosh 电脑的时候，这些东西全派上了用场。我把它们全部设计进了 Mac，那是第一台可以排出好看版式的电脑。如果当时我大学里没有旁听这门课程的话，Mac 就不会提供各种字体和等间距字体。现在，所有的个人电脑都有了这些东西。想想看，如果我没有退学，就不会去书法班旁听，而今天的个人电脑大概也就不会有出色的版式功能。当然我在念大学的那会儿，不可能有先见之明，把那些生命中的点点滴滴都串起来；但10年之后再回头看，生命的轨迹变得非常清楚。

“我再强调一次，车到山前必有路，你不可能充满预见地将生命的点滴串联起来。只有在你回头看的时候，你才会发现这些点点滴滴之间的联系。所以，你要坚信，你现在所经历的将在你未来的生命中串联起来。你不得不相信某些东西，你的直觉、命运、生活、因缘际会……正是这种信仰让我不会失去希望，它让我的人生变得与众不同。

“我在年轻的时候就知道了自己爱做什么，就这一点而言我是幸运的。在我20岁的时候，就和沃兹在我养父母的车库里开创了苹果电脑公司。我们勤奋工作，只用了10年的时间，苹果电脑就从车库里的两个小伙子扩展成拥有4000名员工，价值达到20亿美元的企业。而在此之前的一年，我们刚推出了我们最好的产品Macintosh电脑，当时我刚过而立之年。然后，我就被炒了鱿鱼。

“一个人怎么可以被他所创立的公司解雇呢？是这样的，随着苹果的成长，我们请了一个原本以为很能干的人和我一起管理这家公司，在头一年左右，他干得还不错，但后来，我们对公司未来的前景出现了分歧，于是我们之间出现了矛盾。由于公司的董事会站在他那一边，所以在我30岁的时候，就被踢出了局。突然，我失去了一直贯穿在我整个成年生活的重心，可以说打击是毁灭性的。

“在头几个月，我真不知道要做些什么。我觉得我让企业界的前辈们失望了，我失去了传到我手上的指挥棒。我成了人人皆知的失败者，我甚至想过逃离硅谷。但曙光渐渐出现，我还是喜欢我做过的事情。在苹果电脑发生的一切丝毫没有改变我，一点都没有。虽然被抛弃了，但我的热忱不改。我决定重新开始。

“车到山前必有路，事实证明，我被苹果开掉是我这一生所经

历过的最棒的事情。成功的沉重被凤凰涅槃的轻盈所代替，每件事情都不再那么确定，我以自由之躯进入了我整个生命当中最有创意的时期。

“在接下来的5年里，我开创了一家叫作NeXT的公司，接着是一家名叫Pixar的公司，并且接识了后来成为我妻子的曼妙女郎。Pixar制作了世界上第一部全电脑动画电影《玩具总动员》，现在这家公司是世界上最成功的动画制作公司之一。后来苹果买下了NeXT，于是我又回到了苹果，我们在NeXT研发出的技术是推动苹果复兴的核心动力。我也拥有了美满的家庭。

“我非常肯定，如果没有被苹果炒掉，这一切都不可能在我身上发生。对于病人来说，良药总是苦口。生活有时候就像一块板砖拍向你的脑袋，但不要丧失信心。从事你认为具有非凡意义的工作，方能给你带来真正的满足感。如果你到现在还没有找到这样一份工作，那么就继续找。不要安于现状，当万事了于心的时候，你就会知道何时能找到。如同任何伟大的浪漫关系一样，伟大的工作只会在岁月的酝酿中越陈越香。所以，在你终有所获之前，不要停下你寻觅的脚步。不要停下。”

乔布斯的这一番中肯的话告诉我们：在漫长的人生道路上，难免会有得意与失落的时候，十年河东十年河西，在困难到来的时候，千万别向后退缩，咬着牙挺过去，你会发现柳暗花明处，又有一条路。

即使卑微，也要活出灵魂的质量

当一个人走到大家面前时，昂首挺胸总是要比低眉顺眼好。自卑的人往往就会低眉顺眼的。

其实，一个人若是自己都看不起自己，别人怎么会看得起他呢？在这个世界上，没有什么事情是不能办成的，没有什么结果是不能改变的，只要你对自己有信心，事情往往就成功了一半。前进的道路上，有时差的就是自信的那一步，前进一步便是不一样的人生。

很多人都喜欢看NBA的夏洛特黄蜂队打球，而且特别喜欢看1号博格斯上场打球。博格斯的身高只有160厘米，即使在东方人里也算矮的，更不用说是在两米都嫌矮的NBA了。据说博格斯也是NBA有史以来最矮的球员。但这个矮个子可不简单，他是NBA表现最杰出、失误最少的后卫之一，不仅控球一流、远投精准，甚至在长人阵中带球上篮也毫无所惧。

博格斯是不是天生的篮球好手呢？当然不是，这是他的意志与苦练的结果。博格斯从小就长得特别矮小，但却非常热爱篮球，几乎天天都和同伴在篮球场上奔跑。当时他就梦想有一天可以去打NBA，因为NBA的球员不止待遇奇高，也享有风光的社会评价，是所有爱打篮球的美国少年最向往的地方。

而每次博格斯告诉他的同伴“我长大后要去打NBA”时，所有的人都忍不住哈哈大笑，甚至有人笑倒在地上，因为他们“认定”一个160厘米的人是绝无可能打NBA的。但他们的嘲笑并没有阻断博格斯的志向，他用比一般常人多几倍的时间练球，终于成为最佳控球后卫，也成为一名全能球员。他充分利用自己矮小的“优势”，灵活迅速地行动。

现在博格斯成为有名的球星了，他说：“从前听说我要进NBA而笑倒在地的同伴，他们现在常炫耀地对人说：‘我小时候是和黄蜂队的博格斯一起打球的。’”

博格斯的经历不只安慰了天下身材矮小而酷爱篮球者的心灵，也可以鼓舞自卑者内在的信心。自卑的人应该明白这样一个道理：每一个人自有他的价值。

生活中，我们往往用自己的主观见解来判定事物的价值，但事物哪有绝对的价值？在NBA里，我们都觉只在两米高的人才能去打球，但一米六的人又怎么不能立志呢？博格斯没有自卑，所以创造了自己的奇迹。天生我材必有用，哪一个人不是有价值的人呢？

松下幸之助在给他的员工培训时曾有过这样的一段论述："不怕别人看不起，就怕自己没志气。人须自重，而后为他人所重。在人之上，要视别人为人；在人之下，要视自己为人。应该让人在你的行为中看到你堂堂正正的人格。"这段话就是要求自卑的人先要看得起自己，只有如此别人才会看得起你。

有一天，一个8岁的男孩拿着一张筹款卡回家，很认真地对妈妈说："学校要筹款，每个学生都要叫人捐款。"

于是，小男孩的妈妈取出5块钱，交给他，然后在筹款卡上签名。小男孩静静地看着妈妈签名，想说什么，却没开口。妈妈注意到了，问他："怎么啦？"

小男孩低下头说："昨天，同学们把筹款卡交给老师时，捐的都是100块、50块。"

小男孩就读的是当地著名的"贵族学校"，校门外，每天都有小轿车等候放学的学生。小男孩的班级是全年级最好的，班上的同学，不是家里捐献较多，就是成绩较好。当然，小男孩不属于前者。

妈妈把小男孩的头托起来说："不要低头，要知道，你同学的家庭背景非富则贵。我们必须量力而为，我们所捐的5块钱，其实比他们的500块钱还要多。你是学生，只要尽力以自己的学习成绩为校争光，就是对学校最好的贡献了。”

第二天，小男孩抬起头，从座位走出来，把筹款卡交给老师。当老师在班上宣读每位学生的筹款成绩时，小男孩还是抬起头来。因为妈妈说的那番话，深深地刻在小男孩心里。那是生平第一次，他面临由金钱来估量一个人“成绩”的无言教育。非常幸运，就在这第一次他学到“捐”的意义，以及别人不能“捐”到的、自己独一无二的价值。自此以后，小男孩在达官贵人、富贾豪绅的面前，一直都抬起头做人。

所以，请抛掉你的自卑吧。不为自己的穷困自卑，不为自己的容貌自卑，不为自己的身材自卑，总之，不为自己一切不如别人的地方自卑，因为你就是你，一个独一无二的你！

唯有埋头才能出头

有一位年轻人叫科波菲尔，内心一直被对生活的不满和内心的不平衡折磨着，直到一个夏天与同学尼尔尼斯乘渔船出海，才让他一下子懂得了许多。

尼尔尼斯的父亲是一个老渔民，在海上打鱼打了几十年，科波菲尔看着他那从容不迫的样子，心里十分敬佩。

科波菲尔问他：“每天你要打多少鱼？”

他说：“孩子，打多少鱼并不是最重要的，关键是只要不是空手回去就可以了。尼尔尼斯上学的时候，为了缴清学费，不能不想着多打一点，现在他也毕业了，我也没有什么奢望打多少了。”

科波菲尔若有所思地看着远处的海，突然想听听老人对海的看

法。他说：“海是够伟大的了，滋养了那么多的生灵。”

老人说：“那么你知道为什么海那么伟大吗？”

科波菲尔不敢贸然接茬。

老人接着说：“海能装那么多水，关键是因为它位置最低。”

古罗马大哲学家西琉斯曾经说过：“想要达到最高处，必须从最低处开始。”正是因为老人把自己的位置放得很低，所以能够从容不迫，能够知足常乐。而许多年轻人有时并不能正确摆正自己的位置，总是一开始就把自己的位置摆得很高，殊不知唯有埋头从小事做起，将来才会有出头之日，如果开始时能把自己的位置放得低一些，今后就会有无穷的动力和后劲。

我们往往非常钦佩那些从小做到大的创业者们，他们的创业过程让人听得有滋有味、羡慕不已。他们受益和成功的进程也最明显。究其原因，主要是他们开始时就把自己的位置放得很低，想着失败了自己大不了还是一个一无所有的失业人员，没有包袱，没有顾虑，更重要的是他们乐于从小事做起，埋头苦干，不计较一时的得失，眼光总是很长远，所以最终他们成功了。

其实，一个人如果能一心一意地做事，世上就没有做不好的事。这里所讲的事，有大事，也有小事，其实大事与小事，只是相对而言。很多时候，小事就不一定真的小，大事就不一定真的大，关键看作事者的认知能力。

东汉时期，陈蕃年少气盛并颇为自负：“大丈夫当扫除天下，安事一屋？”而薛勤则与之针锋相对：“一屋不扫，何以扫天下？”提出了一个立志与实践的观点。

古语云：“不积跬步，无以致千里；不积小流，无以成江海。”因为小是大的基础，大是小的积累，无小则不能成其大，不能做小事的人也终不能成就大事。生活中，对于那些不起眼的小事，谁都知道应该怎样做。有的人则不屑一顾，一心只想着干大事，但有的人却做了，并乐此不疲。最后，从小事做起的人一步步走向成功，小事不做、一心想一鸣惊人的人只能在更小的事上操劳，最终一事无成。

不因事小而不为，想成就一番大事业，必须埋头、弯腰，从小事做起，否则你将永远会为弥补小事的不足而忙碌在更小的事情上。卡耐基曾说过："如果一个人对小事不屑一顾，即使做了也不情愿，每天只想着做大事，是不能委以重任的，因为十有八九他不能把事情做好。每天只想着做大事，而不想做小事的人，肯定也没有那个能力和毅力去做大事。"可见，成功的秘诀很简单，就是把工作中的小事做好了，以小积大，最终获得成功。

真正伟大的人物从来不蔑视日常生活中的各种小事情，即使常人认为很卑贱的事情，他们都满腔热情地对待。许多事实都在启迪我们：切勿因为事小而轻易放过；切勿因事小而不为，重大的成功，重大的突破或许就凝结在这点点滴滴的小事中。居里夫人对待科学研究的每一个细节，从不轻易放过；牛顿对小小的一个苹果落地都要问其究竟……所以，古语云："子虽贤，不教不明；事虽小，不做不成。"小事不想做，不去做，又何谈成大事，实现自己的梦想？

中国有句流传千古的话："千里之行，始于足下。"要成功就必须从点滴做起，善于做小事，喜欢做小事。我们只有从小事做起，在小事中锻炼自己，才能为今后做真正的大事铺平道路。所以，无论手头上的事是多么不起眼，多么烦琐，只要你认认真真、仔仔细细埋头去做，就一定会有出头的一日。

永不绝望才有希望

一个人不可能总是一帆风顺的，在时运不济时永不绝望的人就有希望。诸葛孔明六出祁山，是什么在支撑着他？是财富？是官爵吗？都不是，是精神，是一种“永不绝望”的精神。每一个人都有自己人生的最高理想。然而，却只有极少数的人成功地步入自己的理想领域。由此说来，多数人缺少的便是这种永不绝望的精神。我们必须承认，生活中的挫折有时的确惊人、可怕。但可以这样说，重大的挫折压倒的，只是人的躯壳，而它万万压不倒的是人们“永不绝望”的精神！

在生死攸关的情况下，这种永不绝望的精神更是显得珍贵，甚至它就是我们性命之所系。

那是在1966年的夏天。一天，德国南部的一个煤矿发生塌坑事故，有16人埋在坑道里，矿工家属们拥挤在矿坑口喊叫着：“我丈夫怎么样啊？”“我父亲还活着吧？快点救呀！”这些母亲、妻子、儿女、兄弟姐妹，他们都诚恳地向上帝祷告：救救我们家那个干活的人吧！他们哭喊着，对正在进行的救助工作投以全部希望。

这时，联络线传来消息：“16个人中有15名平安无事。”接着，又念出了15个人的名字。这15个人的家属们大大松了一口气。

可是，在幸存者的名单中却没有被念到一名叫布列希特的青年矿工的名字。他才刚结婚两天，他那年轻的妻子叫着：“我丈夫布列希特不行了吗？”她的嘴唇颤抖，强忍悲痛。

“不，还不能这么说，我们呼喊过他的名字，但没得到回答。所以，还不确定他在什么地方，在情况还没最后弄清前请不要灰心，我们一定会把他救出来。”救助队的负责人眼望这位刚刚结婚的妙龄新娘，怜悯之情油然而生。

“我相信布列希特一定活着，请无论如何也要把他救出来！”这位少妇两只盈满泪水的大眼睛里透出一种强烈的愿望，充满了对救护队长的哀求之意。

她始终坚定地相信丈夫还活着，把全部思念之情倾注在坑道里的丈夫身上。她对着地下坑道喊叫着：“你要振作精神活下去呀，为了你和我，你不能死。他们一定会救出你的。”而这位布列希特，在矿坑塌陷的一霎那间，仓惶逃跑弄错了方向，和其他人失散了，所以独自一人被埋在坑道间隙的一小块场地里，加上被隔离的地方与地面联络线路相距很远，所以，他就像深锁在孤独的密室里一样，与外界完全断绝了。他在600米的地下，强忍着饥饿和阴暗环境的侵袭，费尽心力，使他那生命之灯继续点燃下去。

事故发生后，已经过了整整13个小时之久。突然，在他耳边出现了他妻子的声音，虽然声音很小，但还能依稀可辨。“你要挺住！要活下去！他们一定会救出你的。”啊，这是多么清晰而亲切的声音，爱人在呼唤着自己！我不能死，要活下去！布列希特深锁在黑暗塌坑里，一直用妻子的鼓励支撑着他那即将衰竭的气力。

妻子在坑外心急如焚。她不断地向地下的丈夫呼叫，声音都已经嘶哑，对周围人们轻蔑的表情和不可思议的目光毫不理睬。她坚定地相信，自己的声音一定能传给坑道内的丈夫。

抢救工作格外困难，由于抢救不及时，原来幸存的15个人被抬出坑口的时候，已经是15具尸体。他们的家属悲痛欲绝，号啕大哭。只剩下布列希特一个人了。到第六天，奇迹出现了：他被救出来时仍然活着。

“我能在黑暗的矿坑里活到现在，全靠妻子的鼓励，没有她的

持续不断的喊声恐怕我早已绝望而死了。”青年矿工以充满对心爱妻子的感激之情向人们诉说着。

这就是希望的神奇力量，它能支撑人的生命，若不是矿工和他妻子两人都未绝望，恐怕事情就是另一个结局了。

无独有偶，在那年的英吉利海峡也发生过一件类似的事。

1966年10月，一个漆黑的夜晚，在英吉利海峡发生了一起船只相撞事件。一艘名叫“小猎犬号”的小汽船跟一艘比它大10多倍的航班船相撞后沉没了，104名搭乘者中有11名乘务员和14名旅客下落不明。

艾利森国际保险公司的督察官弗朗西斯从下沉的船身中被抛了出来，他在黑色的波浪中挣扎着。他觉得自己已经气息奄奄了。但救生船还没来。渐渐地，附近的呼救声、哭喊声低了下来，似乎所有的生命全被浪头吞没，死一般的沉寂在周围扩散开去。弗朗西斯觉得他生存的希望已经渐渐消失，他就快要绝望了。就在这令人毛骨悚然的寂静中，出人意料地突然传来了一阵优美的歌声。那是一个女人的声音，歌曲丝毫也没有走调，而且也不带一点儿哆嗦。那歌唱者简直像面对着客厅里众多的来宾在进行表演一样。

弗朗西斯静下心来倾听着，一会儿就听得入了神。教堂里的赞美诗从没有这么高雅，大声乐家的独唱也从没有这般优美。寒冷、疲劳刹那间不知飞向了何处，他的心境完全复苏了。他循着歌声，朝那个方向奋力游去。靠近一看，那儿浮着一根很大的圆木头，可能是汽船下沉的时候漂出来的。几个女人正抱住它，唱歌的人就在其中，她是个很年轻的姑娘。大浪劈头盖脸地打下来，她却仍然镇定自若地唱着。在等待救生船到来的时候，为了让其他妇女不丧失力气，为了使她们不致因寒冷和失神而放开那根圆木头，她用自己的歌声给她们增添着精神和力量。就像弗朗西斯借助姑娘的歌声游靠过去一样，一艘小艇也以那优美的歌声为导航，终于穿过黑暗驶了过来。于是，弗朗西斯、那唱歌的姑娘和其余的妇女都被救了上来。

所以，在面对绝境的时候，你可以选择垂头丧气地哭泣或哀号，绝望地将自己交与命运之手；你也可以选择把恐惧扔在一边，像那姑娘一样唱支动听的歌，鼓舞自己，给自己点燃希望。

生命出现低谷时，要有一颗向阳的心

俄国文学家契诃夫说过："不懂得幽默的人，是没有希望的人。"

百年人生，逆境十之八九。我们在人生的旅途上，并非都是铺满鲜花的坦途，反而要常常与不如意的事情结伴而行。诸如考试落榜、工作解聘、官职被免、疾病缠身、情场失意等，都会使人叹息不止，产生强烈的失落感。有的人甚至从此一蹶不振，心理上长期处于沮丧、忧伤、懊悔、苦闷的状态，不但影响工作情绪和生活质量，而且有害于身心健康。

实际上，许多不如意的事，并非由于自己有什么过错，有时是由于自己力量不及，有时是由于客观条件不允许，有时则是"运气不佳"，有时甚至纯属天灾人祸。在这种情况下，如果面对现实，及时调整心态，不时幽默一下，就能化解困境，平衡心理，使自己从苦闷、烦恼、消沉的泥潭中解脱出来。因此，生活中的每个人都应当学会少一点失望，多一点幽默。

有的人善于运用幽默的语言行为来处理各种关系，化解矛盾，

消除敌对情绪。他们把幽默作为一种无形的保护伞，使自己在面对尴尬的场面时，能免受紧张、不安、恐惧、烦恼的侵害。幽默的语言可以解除困窘，营造出融洽的气氛。

幽默是好莱坞的一大传统。出身好莱坞的里根也常常采用同样的幽默嘲讽手法。幽默有时很奏效，笑声使人们驱散了认为里根好斗并爱干蠢事的那种印象。有一次讲演中，针对有人抗议他在国防方面耗资巨大的问题，里根说："我一直听到有关订购 B-1 这种产品的种种宣传。我怎么会知道它是一种飞机型号呢？我原以为这是一种部队所需的维他命而已。"里根这种把昂贵的战斗机拿来开玩笑的幽默，抵消了人们对庞大的国防预算的批评。

还有一次，里根总统访问加拿大，在一座城市发表演说。在演说过程中，有一群举行反美示威的人不时打断他的演说，明显地显示出反美情绪。里根是作为客人到加拿大访问的，加拿大的总理皮埃尔·特鲁多对这种无礼的举动感到非常尴尬。面对这种困境，里根反而面带笑容地对他说："这种情况在美国是经常发生的，我想这些人一定是特意从美国来到贵国的，可能他们想使我有一种宾至如归的感觉。"听到这话，尴尬的特鲁多禁不住笑了。

美国心理学教授塔吉利亚认为，幽默是自我力量的最高、最佳层次。他说，到达了这一层次，一切的问题和困扰都会自行削弱，从而达到抚慰人心的效果。事实也是这样，逃避并不是超脱，需要得到超脱的是我们那种受狭隘自尊心理束缚的"一本正经"。其实，笑自己长相上的缺陷，笑自己干得不太漂亮的事情，会使你变得富有人情味。据说，法国一家销售公司的总裁，专门雇用那些善于制造快乐气氛、懂得幽默的人。他说："幽默能把自己推销给大家，让人们接受他本人，同时也接受他的观点、方法和产品。"

英国著名化学家法拉第，由于长期紧张的研究工作，患头痛、失眠等症，虽然经过多年医治，但还是不能根除，健康每况愈下。后来，他请了一位高明的医师，经过详细询问和检查，医师开了一张奇怪的处方，没写药名，只写了一句谚语："一个小丑进城，胜过一打医生。"开始，法拉第百思不得其解，后来逐渐悟出其中道理，便决心不再打针吃药，而是经常到马戏团看小丑表演，结果每次都是大笑而归。从此他的紧张情绪逐渐松弛。不久，头痛、失眠的症状也消失了，健康状况好转起来。

这就是"一个小丑进城，胜过一打医生"的谚语典故。在生活中，每个人都希望自己快乐，也往往喜欢和有幽默感的人在一起。因为他们可以比较容易地克服逆境，可以把快乐带给大家，并赋予生活以活力和情趣，使自己的心理更加健康。

所以，当你遇到困难、挫折或是尴尬时，你不应该气馁、绝望或畏手畏脚。此时，最好的化解方法就是幽默，跟别人一起大笑一阵后，什么事都没了。幽默，既是自谦，又是自信。它不同于自轻自贱，更不同于自诩自大。当你学会了如何幽默时，你会发现，自己已经掌握了制造快乐、摆脱困境以及维护尊严的能力。

改变很难，不改变会一直很难

人的生命历程就像海浪一样，总是在高低起伏中前进。在前进的途中，有时我们会碰到一道又一道难以翻越的坎。这些坎就是我们人生的瓶颈，卡在这个瓶颈中，我们会有种既上不去又下不来的感觉。如果卡在那里的时间过长，恐怕我们的斗志将会被慢慢磨灭，甚至最后自我放弃。所以，我们要不断超越自己，突破我们人

生的瓶颈。

20世纪80年代，百事可乐公司异军突起，使可口可乐公司遭到了强有力的挑战。为了扭转不利的竞争局面，塞吉诺·扎曼临危受命——经营可口可乐公司。

扎曼采取的策略是更换可口可乐的旧模式，标之以“新可口可乐”，并对其进行大肆宣传。但在新的营销策略中，扎曼犯了一个严重错误，他将老可口可乐的酸味变成甜味，没有考虑到顾客口味的不可变性，这就违背了顾客长久以来形成的习惯。结果，新可口可乐全线溃败，成为继美国著名的艾德塞汽车失利以来最具灾难性的新产品，以至79天后，“老可口可乐”就不得不重返柜台支撑局面——改名为“古典可乐”。

扎曼策略性的失败对他在公司的地位造成了巨大的负面影响，不久，他就在四面的攻击声中黯然离职。在扎曼离开可口可乐公司后的14个月中，他非常愧疚，没有同公司中的任何人交谈过。对于那段不愉快的日子，他回忆道：“那时候我真是孤独啊！”但是扎曼没有丧失希望，放弃自我。

世上没有永远的失败，失败只不过是成功人生的其中一个步骤而已，经历人生的瓶颈只是一时的，人生如果没有经历过挫折，那就不会享受到真正的成功，成功其实就是一连串失败的结果。对于扎曼来说就是这样。

在扎曼先生经过了一年多的瓶颈期后，他和另一个合伙人开办了一家咨询公司。他就用一台电脑、一部电话和一部传真机，在亚特兰大一间被他戏称之为“扎曼市场”的地下室里，为微软公司和酿酒机械集团这样的著名公司提供咨询。后来，扎曼先生为微软公司、米勒·布鲁因公司为代表的一大批客户成功地策划了一个又一个发展战略。

最后，扎曼先生在咨询领域成绩斐然，此时可口可乐也来向他咨询，并请他回来整顿公司工作，可口可乐公司总裁罗伯特也承认："我们因为不能容忍扎曼犯下的错误而丧失了竞争力，其实，一个人只要运动就难免有摔跟头的时候。"

是啊，人生难免摔跟头，一时的失意并不可怕，只要不失去希望、失去志向，就能突破人生的瓶颈，赢得属于自己的一片天空。历史上许多伟人，许多成功者，都有过失意的时候，而他们都能够做到失意而不失志，都能做到胜不骄，败不馁。

蒲松龄一生梦想为官，可最终也没能如意，但是他幸运的，因为他能及时反省，能及时调转人生的航向，找到他人生的另一片天空，这才有《聊斋志异》的流芳百世，他的大名也永载史册。

司马迁因李陵一案而官场失意，可他没有被打垮，不屈不挠的精神反而成就了他"史家之绝唱，无韵之《离骚》"的传世经典之作。

美国最伟大的总统林肯一生经历了无数失败和困苦，但他最终还是得到了成功女神的垂青，成为美国历史上与华盛顿齐名的伟人。试想，如果他不能坚持到最后，每一次失败都将有可能把他的未来之路堵死。

成功学家拿破仑·希尔认为："不管如何失败，都只不过是不断茁壮发展过程中的一幕。"一位哲人也说过："成功是由若干步骤组成的，人生低谷只是其中的某个步骤而已，如果在那里停止了前进的脚步，那将是非常愚蠢的。"

所以，面对人生的瓶颈，我们要坚定自己的志向，永远怀着希望与信念，以毫不妥协的精神突破这些瓶颈，走出人生的低谷。

留得青山在，不怕没柴烧

俗话说得好：“留得青山在，不怕没柴烧。”人的一生充满了风风雨雨，跌宕起伏，当一个人被命运甩到最低谷时，应该始终抱着这样的想法：只要生命尚存，就有东山再起的机会。即便颜面尽失，也要忍辱负重，以谋大业。

人为活而生，不是为死而生，活着就有希望。所有问题都有它的两面性或多面性，在生与死的边缘，弃死求生才是正确的抉择，为了成就明日的伟业，暂且“苟且偷生”也未尝不可。

1076 年，德意志神圣罗马帝国皇帝亨利与教皇格里高利争权夺利，斗争日益激烈，发展到了势不两立的地步。亨利想摆脱罗马教廷的控制，教皇则想把亨利所有的自主权都剥夺殆尽。

在矛盾激烈的关头，亨利首先发难，召集德国境内各教区的教士们开了一个宗教会议，宣布废除格里高利的教皇职位。而格里高利则针锋相对，在罗马的拉特兰诺宫召开了一个全基督教会的会议，宣布驱逐亨利出教，不仅要德国人反对亨利，也要在其他国家掀起反亨利的浪潮。

教皇的号召力非常之大，一时间德国内外反亨利力量声势震天，特别是德国境内的大大小小的封建主都兴兵造反，向亨利的王位发起了挑战。亨利的王位与生命都遭受着严重的威胁。

亨利面对危局，被迫妥协，于 1077 年 1 月身穿破衣，只带了两个随从，骑着毛驴，冒着严寒，翻山越岭，千里迢迢地前往罗马，向教皇认罪忏悔。

但格里高利故意不予理睬，在亨利到达之前躲到了远离罗马的卡诺莎行宫。亨利没有办法，只好又前往卡诺莎去拜见教皇。

到了卡诺莎后，教皇紧闭城堡大门，不让亨利进来。为了保住性命与王位，亨利忍辱跪在城堡门前求饶。当时大雪纷纷，天寒地冻，身为帝王之尊的亨利屈膝脱帽，一直在雪地上跪了三天三夜，教皇才开门相迎，饶恕了他。这就是历史上著名的“卡诺莎之行”。最后，亨利恢复了教籍，保住王位返回德国。

也许有人会对亨利的这种做法嗤之以鼻，认为此举低三下四、尊严扫尽。但亨利放弃进攻，主动讨饶，得到了教皇的饶恕，这才保住了性命与机会。

亨利返回德国后，集中精力整治内部，先把曾一度危及他王位的内部反抗势力逐一消灭。阵脚稳固之后，他立即发兵进攻罗马，以报跪求之辱。在亨利的强兵面前，格里高利弃城逃跑，客死他乡。

所以，留得青山在，不怕没柴烧，德国皇帝雪地长跪求教皇的目的就是以吃“眼前亏”来换取以后的利益，为了生存和实现更高远的目标。如果因为不肯暂时低头而蒙受巨大的损失，甚至把命都丢了，哪还谈得上未来和理想。就连李广这样的血性将军也懂得这样的道理，忍辱负重实乃大丈夫所为。

公元前129年，汉将军李广一时失利不幸被捕，成了匈奴的俘虏。李广在战斗中身负重伤，伤口血流如注，脸色惨白。匈奴骑兵把受伤的李广放进一个绳子编织的大兜里，架在两匹马中间，边拖边走。

一路上，过去深受李广打击的匈奴骑兵不断讥笑侮辱李广。这位一代名将不言不语，紧咬牙关，闭上双眼，心里怒火中烧，但就是忍着不接话茬不出声。同时，各种念头在李广脑中飞速转动，

他在寻找机会逃脱。而匈奴骑兵见李广眼皮合上，渐渐也失去了警惕。

又行进了一段路，李广突然飞身扑到一骑兵身上，说时迟，那时快，他一把夺下骑兵手中弓箭，又一记重拳将其击落下马，待其他匈奴兵反应过来时，李广骑着马已跑出老大远。就这样，李广才死里逃生，后来在北击匈奴的过程中立下赫赫战功。

甘地说过："生由死而来。麦子为了萌芽，它的种子必须要死了才行。"暂时的退是为了更好的进，舍弃是为了获得，是还想要有更大的作为。

所以"留得青山在，不怕没柴烧"是一种大智慧。拥有这种大智慧的人是真正有远见、有毅力的人，这样的人在任何情况下都不会绝望，只有这样的人才能赢得人生的最后胜利。

摆脱厄运的办法是不向它认输

再怎么成功的人，也会有不顺心的时候，也会有徒劳无功的时候，也会经历磨难的侵扰，但这些人不会太在意这些逆境的信息，而是将其视为不完美的结果，坚持着忍耐下去，并且坦然面对，累积这些"结果"，达到最后的成功。

李嘉诚的亚洲首富不是凭空杜撰的，比尔·盖茨的几百亿美元更不是美国的海风吹来的。他们都经过了生活的历练，都经过了不如意的侵扰。在漫长的忍耐中，厚积薄发，最后一鸣惊人。

比尔·盖茨刚刚离开哈佛与保罗·艾伦一起经营微软之初，处处不如意。因为公司很小，BASIC（英文 Beginner's All-purpose Symbolic Instruction Code 的缩写，初学者的全方位符式指令代码）

的发明并未引起轰动，当时的IBM（英文International Business Machines Corporation的缩写，国际商业机器公司）与苹果公司甚至不屑与可怜的微软合作。这些不如意都没能让比尔·盖茨困惑，他在忍耐中不断探求。终于，在Win95推出后，比尔·盖茨让世界上的人认识了自己！

商业本身就充满了各种不确定因素，因此磨难必不可少，综观千古成功的商人，忍耐几乎是必不可少的手段，经历过痛苦的磨炼，财运会随之而来。如果只是挣硬气、好面子，不懂得忍耐之道，不知晓伸缩之理，那么，你会看见钞票从眼前哗哗流过而自己一无所获。

事理相通，商场的忍耐推而广之，就是成功之道。磨难并不可怕，关键看你能否忍耐，有一颗“隐忍”的心，那么，成功唾手可得。

为什么拿破仑能够突破重重阻力而叱咤风云？为什么海伦·凯勒在双目失明的情况下，心中依然有光明之梦？一个共同之处就是他们都经历过一个又一个的磨难，并且在磨难的打击中迅速成长起来。也正因为如此，伟人们镇定自若，“泰山崩于前而色不变，猛虎趋于后而心不惊。”

“宝剑锋从磨砺出，梅花香自苦寒来。”磨难就是财富，受宫刑之辱的司马迁痛定思痛，写出了千古名篇：“盖西伯拘而演《周易》；仲尼厄而作《春秋》；屈原放逐，乃赋《离骚》；左丘失明，厥有《国语》；孙子膑脚，《兵法》修列；不韦迁蜀，世传《吕览》；韩非囚秦，《说难》《孤愤》。《诗》三百篇，大抵贤圣发愤之所为作也。此人皆意有所郁结，不得通其道，故述往事，思来者。”

安逸舒适的环境容易消磨人的意志，最后导致人一无所成。接受命运的挑战是我们磨炼自己、施展抱负、实现梦想的最佳方法。

任何一个成大事者必须具备忍耐挫折，忍耐成功前的艰辛的能力，更要具备忍耐不如意的时时侵扰。假如你想赚钱、想创业、想成名，一定要先掂量掂量自己：面对从肉体到精神上的全面折磨，你有没有那样一种宠辱不惊的“定力”与“忍耐力”。因为，创业要比一般人承受更多的困难、挫折乃至痛苦和孤独。无论遇到什么事情，哪怕是违背自己本意的事情，都得控制自己的情绪，不得有过激的言行；否则，你很有可能会前功尽弃。

人生不可能一帆风顺，机会也不会总顺风而来，蕴藏在逆境中的机会有时更加巨大，足以改变人的一生，所以，对于逆境也应该抱着一种忍耐的态度。磨难虽苦，但却可以化为人生的财富。

痛苦割破了你的心，却掘出了生命的新水源

罗曼·罗丹曾说：“只有把抱怨别人和环境的心情，化为上进的力量，才是成功的保证。”命运的挫折磨难，可以使人脆弱萎靡，也可以使人坚强冷静。学会忍耐，你就能够把握自己的命运。

无论你位高权重，还是富甲一方，你都会遭遇折磨你的人，那么，当你面对这些折磨你的人的时候，你是忍耐、以不断改进自己来适应，还是怒不可遏、跟自己过不去？很显然，选择前者是明智之举。

艾柯卡是美国汽车业最为优秀的经营巨子，他曾任职于世界汽车行业的领头羊——福特公司。由于其卓越的经营才能，艾柯卡的地位不断高升，直到坐上了福特公司的总裁位置。

就在艾柯卡志得意满、事业如日中天的时候，福特公司的老板——福特二世出人意料地解除了艾柯卡的职务，原因是艾柯卡在

福特公司的声望和地位已经超越了福特二世，他担心自己的公司有一天改姓为“艾柯卡”。

艾柯卡成了功高盖主的牺牲品。他一下从人生的辉煌跌入了人生的低谷，他坐在自己的小办公室里思绪良久，终于毅然而果断地下了决心，离开福特公司。

在离开福特公司之后，艾柯卡最终选择了美国第三大汽车公司——克莱斯勒公司。很多人都不理解艾柯卡，因为此时的克莱斯勒已是千疮百孔、濒临倒闭的公司。想必除这家风雨飘摇的企业，艾柯卡有很多更好的选择，因为这段时间有很多世界著名企业的头目都拜访过艾柯卡，希望他能重新出山，但艾柯卡一一谢绝。其实，艾柯卡心中只有一个目标，那就是“从哪里跌倒的，就要从哪里爬起来”！他要向福特二世和所有人证明，艾柯卡的确是一代经营奇才！

接管克莱斯勒公司后，艾柯卡进行了大刀阔斧的改革，辞退了32个副总裁，关闭了16个工厂，从而节省了公司很大的一笔开支。整顿后的企业规模虽然小了，但却更精干了。另一方面，艾柯卡仍然用那双与生俱来的慧眼，充分洞察人们的消费心理，把有限的资金都花在了刀刃上。根据市场需要，他以最快的速度推出新型车，从而逐渐与福特、通用三分天下，并最终创造了一个震惊美国的神话。

这时候，福特才开始后悔，但是已经为之过晚。1983年，在美国的民意测验中，艾柯卡被推选为“左右美国工业部门的第一号人物”。1984年，由《华尔街日报》委托盖洛普进行的“最令人尊敬的经理”的调查中，艾柯卡居于首位。同年，克莱斯勒公司营利24亿美元。

一个折磨你的人，却往往是成就你的人。的确，你只有感谢曾经折磨过自己的人或事，才能体会出那实际上短暂而有风险的生命意义；你只有懂得宽容自己不可能宽容的人，才能看见自己目标的远阔，才能重新认识自己……

有所忍才能有所成，内圣才能外王，守柔才能刚强。要知横逆之来，不可便动气，先思取之之故，即得处之之法。

狂风暴雨往往摧残禾苗的生长，却也是它们结果的必然条件。当折磨你的人出现时，说明你的成功机遇已经来临。当然，这得需要你学会忍耐，接受那些肆意的折磨与侮辱，梅花香自苦寒来，只有耐得一时之苦，才会享受一世之甜。

没痛过的仙人掌，怎么懂得把刺收藏

人生如果是一场表演的话，那么只有让她更具张力，你的表演才更具内涵。因为有了张力，水珠会变得晶莹剔透、饱满圆润；有了张力，人生就会不鸣则已，一鸣惊人。

生命是一张上帝签发的支票，就看你怎样去用。如果你善于忍耐，敢于用暂时的屈服，来处理不利的境遇，那么，你的人生就会更具张力，那么你的这张支票也就实现了价值的最大化。

中国台湾著名作家柏杨曾经是一个“火爆浪子”，他尖锐、激进。1979年，他被捕入狱，5年以后才被放出来。5年的牢狱生活彻底地改变了他。他成为“谦谦君子”，变得理性、温和。就连周围的人都感到惊奇：“现在的柏杨很有同情心，也知道替别人留余地，不像从前，总是那么火辣辣的。”

其实，柏杨不是没有过怨恨、绝望，他后来回忆他的狱中生活时说：他也曾经怨过、恨过。那段日子他经常睡不着觉，半夜醒来时发现自己竟然恨得咬牙切齿，就这样大约持续了一年。后来，他意识到不能这样继续下去，否则，他不是闷死，就是被自己折磨死。

想明白后，他坦然地面对一切，开始大量阅读历史书籍，光是《资治通鉴》前后就读了三遍。这些书籍给了他宝贵的精神食粮，他从这些书籍中领悟到：历史是一条长河，个人只不过是非常渺小的一滴水。他明白了一个道理：生命的本质原本就是苦多于乐，每个人都在成功、失败、欢乐、忧伤中反反复复，只要心中常保持爱心、美感与理想，挫折反而是使人向上的动力，使人的生命更具张力。

当柏杨忍耐下来后，他发现心境变得平和，思路也越来越开阔，后来，他在牢中完成了三部史学巨著。

英雄等待出头之日，必须要忍耐。在无尽的忍耐中，让心灵得到磨砺，让生命更有张力。生命是否有张力，完全取决于你自己。上帝用心良苦，让你通过另一种方式来获取幸福人生，你要有悟性，放下悲痛，坦然面对，幸福就在那顿悟的瞬间开始。

人的一生不可能一帆风顺，遇到挫折和困难是难免的。当你人生走到了“山”的顶峰，必然会走下坡路，但如果你能做到坦然面对、心态放平稳，在忍耐中让自己变得更加坚强，让生命更具张力，那么你就有可能会在难言的忍耐之后，获得爆发的机会。

不忘初心，方得始终

“生当作人杰，死亦为鬼雄。至今思项羽，不肯过江东。”这是著名的女词人李清照赞颂西楚霸王项羽的一首诗，诗中虽然充满了

豪情，但却难免给人英雄气短的感觉。试想一下，如果当年项羽能够忍受一时的屈辱，过得江东之后重整人马，那么历史便很有可能被改写。

而他的对手刘邦，则将一个“忍”字发挥到了极致。刘邦为了将来的前程似锦，忍住浮华诱惑，锋芒暂隐，静待转机。这也许正是他最终胜出项羽的原因。咸阳城内王室发生的剧变，已经明显影响到了秦军的士气，恰逢刘邦招降，众士兵正中下怀，项羽这边听说刘邦西征军已经接近武关的消息，也颇为着急。章邯投降后，项羽不再有任何阻碍，率军火速攻向关中盆地的东边大门——函谷关。

十月，刘邦军团进至灞上。咸阳城已完全没有了防卫的能力，秦王子婴主动投降，秦王朝正式灭亡。

刘邦大军历尽千辛万苦终于进入咸阳，此时刘邦对日后称霸天下有了莫大的野心和信心。

同时，面对扑面而来的荣华富贵，喜好享乐的他，竟然一时忘乎所以，自然忍不住心动。想起年少时的狂言：“大丈夫当如是也。”一切都这样不可思议的唾手可得。

刘邦本是无赖，进入咸阳城内，面对扑面而来的荣华富贵，一时有些忘乎所以。但在张良等人的劝说下，为了长远的未来，刘邦忍下了享受的心。

一个“忍”字的功夫怎生了得，他成全了刘邦，是刘邦成就霸业不可多得的秘密武器。而项羽，在民心方面，项羽明显不如刘邦。项羽嗜杀成性，不管对方是否投降，一律斩杀。他曾在一夜之间，设计歼害了二十万秦国降军。项羽因为此事而在秦国人民心中臭名昭著。

项羽残杀秦国兵士，刘邦却与秦地父老约法三章，谁是谁非，天下人自然明白。刘邦轻易便为自己赢得了百姓的信任，项羽虽然勇猛，但是做一国之君的话，尚嫌粗莽。在这一节上，刘邦的功夫显然比项羽的功夫要到家。但是刘邦并非一忍再忍，还军灞上之后，仍对咸阳城念念不忘，从而犯下了一个致命的错误。

随后，刘邦在“鸿门宴”中更是将“忍”刻在了心头。这一场心理战，决定了最后的结局。刘邦在得知项羽要进攻的时候，镇定地用谎言骗住了项羽，使得项羽留给了刘邦一条生路。而项羽始终是轻敌的，尤其忽视了刘邦这个手下部将。他认为以刘邦的兵力，绝对不是他的对手。但是刘邦不跟他斗勇，刘邦喜欢斗智。

这就注定了项羽的悲剧命运。就勇猛来说，项羽力拔山兮气盖世；就智慧来说，项羽也不乏胆识与聪明；就实力来说，项羽是一代霸王，有过众望所归的气势。然而就是一个不能忍，破坏了全部的计划，影响了最终的结局，可见，忍字的力量无穷无尽。

小不忍则乱大谋，忍人一时之疑，一定之辱，一方面是脱离被动的局面，同时也是一种对意志、毅力的磨炼，为日后的发愤图强和励精图治奠定了一定的基础。而不能忍者，则要品尝自己急躁播下的苦果。

委屈才能求全

很多时候，暂时的败、一时的退、短期的弱对事业和人生来说都不一定是坏事。相反，它会为你的下一次进步积蓄冲击力。为人处世要有退步的气魄，要学会退，以退为进。要学会委曲求全，始终相信纵然有一时的不如意，也终将成为过去。

委曲求全一词蕴含着古人的智慧，只有委屈一时，才能让怒火消除，让人冷静处事，那么做错事的几率也就会降到最低。

明朝安肃有个叫赵豫的人。宣德和正统时期，他曾经任松江知府。在任期间，赵豫对老百姓问寒问暖，关怀备至，深得松江老百姓的爱戴。

赵豫有一个非常奇特的处理日常事务的方法，他的下属称之为“明日办”。每次他见到来打官司的，如果不是很急很急的事，他总是慢条斯理地说：“各位消消气，明日再来吧。”起先，大家对他的这套工作方法不以为然，认为这实在是一个懒惰拖拉的知府，甚至还暗地里编了一句“松江知府明日来”的顺口溜来讽刺他，都叫他“明日来”。

赵豫性格稳重，为人宽厚，听到这个绰号，总是淡淡地笑笑，从不责备叫他绰号的人。因为他的态度和蔼，对下属从没有声色俱厉过，所以，那些下属有什么话都敢于跟这位知府老爷说。

一天，一个下属问他：“大人，您为什么要这样做？这样做太伤害您的名誉了。”赵豫于是解释了“明日再来”的好处：“有很多的人来官府打官司，是乘着一时的愤激情绪，而经过冷静思考后，或者别人对他们加以劝解之后，气也就消了。气消而官司平息，这就少了很多的恩恩怨怨。”

赵豫此招甚妙，虽然给自己戴上了“懒惰拖拉”的帽子，但是人们的情绪却能够冷却下来，官司因此而平息，百姓因此而和睦，由此我们可以说：“委屈可以求全。”退后一步，对事情进行“冷处理”，有助于缓和情绪，让问题得到更好地解决。赵豫的“明日再来”这种处理一般官司的做法，是合乎人的心理规律的。经过一天的冷却，当事人都不很急躁，才能理智地对待所发生的一切。这种“冷处理”包含为人处世的高度智慧，把他用在生活中，会避免不必要的争执。

正如跳高、跳远，要退到后面很远的地方，起跳时才会有更强的冲击力。生活也是如此，退后一步，就是为了更好的前进。一时的委屈是为了永久的安然。忍一时的不冷静，对人对己都有好处。当不愉快的事情发生后，退一步想，就会海阔天空。在实际生活中，不管你多么有能耐，多么无情，总是有人比你更有能耐，更加无情。拼个鱼死网破，倒不如后退几步，另求他路。

古往今来，安身处世者大有人在，曲径通幽，卧薪尝胆，委曲求全，最终成大业者都经历过退步，才能干出轰轰烈烈的壮举。退后一步，即使一时处于低势，但在心灵上获得了某种轻松、潇洒的感觉，在精神上，做好了向前冲的准备。

情绪不失控，人生就不失控

处世经典《增广贤文》上说："酒是穿肠的毒药，色是刮骨的钢刀，气是下山的猛虎，怒是惹祸的根苗。"愤怒就像决堤的洪水那样淹没人的理智，让人做出不可思议的蠢事，甚至招来杀身之祸。

张飞脾气暴躁，常常因为一点小事而大动肝火。当他得知关羽败走麦城而丧命时，旦夕号泣，血泪衣襟，愤恨不已，发誓定要血刃仇人。

张飞下令军中，限三日内置办白旗白甲，三军挂孝伐吴。次日，两员末将范疆和张达告诉张飞："白旗白甲，一时无可措置，须宽限时日。"

张飞大怒，喝道："我急着想报仇，恨不得明日便到逆贼之境，你们怎么敢违抗我的命令！"说罢，便让武士把二人绑在树上，每

人在背上鞭抽了五十下。

打完之后，张飞余怒未消，用手指着两人说："明天一定要全部完备！若违了期限，就杀你们两人示众！"

被打得满口吐血的两人到帐中商议，范疆说："今日受了刑责，倒也无所谓，可我们怎能在短短一天内将装备筹措齐备？张飞性暴如火，如果明天置办不齐，你我皆有杀身之祸。"

张达说："张飞爱酒，每日必饮。如果我们两个不应当死，那么他就醉在床上；如果应当死，那么他就不醉好了。"当下商议停当。

当天晚上，张飞又哭又骂，喝得烂醉如泥，卧在帐中，鼾声如雷。范、张二人探知消息，心中大喜。初更时分，两人各怀利刃潜入帐中，摸到张飞床前，突见张飞双目圆睁，躺在床上。两人大惊，刚欲逃走，又听得张飞打起了鼾，但眼睛仍然睁着。原来张飞睡觉时眼睛是睁开的。

两人不再犹豫，斩下张飞的首级，骑快马星夜逃奔东吴去了。

西方有句经典谚语："上帝要想让他灭亡，必先使他疯狂！"愤怒就像决堤的洪水那样淹没人的理智，让人做出不可思议的蠢事。"忍"字头上一把刀，忍耐会有痛苦；"忍"字下面一颗心，忍耐会受煎熬；忍耐就好似手刃自己的心，需要时间等待伤口慢慢愈合；忍得头上乌云散，拨开云雾见阳光。

某大公司老板巡视仓库，发现一个工人正坐在地上看连环画。老板最恨工人在工作时间偷懒，于是怒不可遏地问："你一个月挣多少钱？"

"1000元。"工人回答。老板立刻掏出1000元给他，并大叫："拿了钱给我滚！"事后，老板责问后勤主管："那工人是谁介绍来的？”主管说：“那人不是公司员工啊，而是其他公司派来送货的。”

当然，这只不过是一个笑话，但也从一个侧面反映了人在愤怒状态下失去理智的情形。不分青红皂白，一时的冲动很有可能会断送自己的大好前程，造成严重的后果。据统计，怒火给人类造成的损失比全世界烧掉的煤炭还要多出成百上千倍。

哲学家康德说：“生气，是用别人的错误惩罚自己。”的确，冲动就有这样的魔力，让人身不由己，敢做平时不敢做的事情，愿做平时不愿意做的事情，就好像失去理智的罪犯那样走上极端，亲手毁掉自身的幸福。

所以，每个人都不要轻易地冲动，学会忍耐，要把魔鬼赶得无影无踪，用平常、平淡的心理，理智地对待各种事情。

第五章

世界这么忙，柔弱给谁看

大海上没有不带伤的船

痛苦、失败和挫折是人生必须经历的阶段。受挫一次，对生活的理解加深一层；失误一次，对人生的领悟便增添一级；磨难一次，对成功的内涵便透彻一遍。从这个意义上说：想获得成功和幸福，想过得快乐和充实，首先就得真正领悟失败、挫折和痛苦。

英国一个保险公司曾经从拍卖市场上买下一艘船，这艘船原来属于荷兰一个船舶公司，它 1894 年下水，在大西洋上曾 138 次遭遇冰山，116 次触礁，13 次失火，207 次被风暴折断桅杆，但是却从来没有沉没过。

根据英国《泰晤士报》报道，截止到 1987 年，已经有 1200 多万人次参观了这艘船，仅参观者的留言就有 170 多本。在留言本上，留得最多的一条就是——在大海上航行没有不带伤的船。

在大海上航行没有不带伤的船，我们在生活中同样不可能会一帆风顺，难免会有伤痛和挫折。失败和挫折其实本来就是人生不可或缺的一部分。失败和痛苦是上帝与人们的一种沟通方式，好让你知道自己为何失败。迈向成功的转折点，通常是由失败或挫折所决定的。

什么叫成功者？成功者不过是爬起来比倒下去多一次。就这样的一次，便是成功者与失败者的最大区别。

追求成功的过程中一定充满挫折与失败。你不打败它们，它们就会打败你。任何人在到达成功之前，没有不遭遇失败的。每一个

成功的故事背后都有无数失败的故事。约翰·克里斯在出版第一本书之前，曾写过564本其他书，并遭到了1000多次的退稿，但他并没有灰心放弃，终于在第565本书获得了成功，成为英国著名的多产作家。

所以，接受失败，正确对待失败，危机就能成为转机，总会有云开雾散的一天。失误其实也是一种特殊的教育、一种宝贵的经验，换个角度去面对它，可能会有意想不到的收获。

一名德国工人在生产书写纸时，不小心弄错了配方，结果生产出一大批不能书写的废纸。他不但被扣工资，还被罚钱，最后遭到解雇。他并没有灰心丧气，在朋友的提醒下，他想到，这批纸虽然不能作为书写纸来使用，但吸水性极佳，可用来吸干器具上的水。于是，他将这批纸切成小块，取名“吸水纸”，上市后相当抢手。后来，他申请了专利，因此成为大富翁。

在行业圈子里，流传着宝洁公司的这样一个规定：如果员工3个月没有犯错误，就会被视为不合格员工。对此，宝洁公司全球董事长白波先生的解释是：那说明他什么也没干。

人的一生不可能一帆风顺。挫折失败，是人生中必然的过程与代价。只有经过挫折的考验，人才能展翅高飞，走向成熟。

挫折是成功的入场券

我们每个人都会面临各种挑战、各种机会、各种挫折，这时候你能承受的挫折的能力，就是你未来的命运。成功不是一个海港，而是一次埋伏着许多危险的旅程，人生的赌注就是在这次旅程中要做个赢家，成功永远属于不怕失败的人。

有一个博学的人遇见上帝，他生气地问上帝：“我是个博学的人，为什么你不给我成名的机会呢？”上帝无奈地回答：“你虽然博学，但样样都只尝试了一点儿，不够深入，用什么去成名呢？”

那个人听后便开始苦练钢琴，后来虽然弹得一手好琴却还是没有出名。他又去问上帝：“上帝啊！我已经精通了钢琴，为什么您还不给我机会让我出名呢？”

上帝摇摇头说：“并不是我不给你机会，而是你抓不住机会。第一次我暗中帮助你去参加钢琴比赛，你缺乏信心，第二次缺乏勇气，又怎么能怪我呢？”

那人听完上帝的话，又苦练数年，建立了自信心，并且鼓足了勇气去参加比赛。他弹得非常出色，却由于裁判的不公正而被别人占去了成名的机会。

那个人心灰意冷地对上帝说：“上帝，这一次我已经尽力了，看来命中注定，我不会出名了。”上帝微笑着对他说：“其实你已经快成功了，只需最后一跃。”

“最后一跃？”他瞪大了双眼。

上帝点点头说：“你已经得到了成功的入场券——挫折。现在你得到了它，成功便成为挫折给你的礼物。”

这一次那个人牢牢记住上帝的话，他果然成功了。

如果将幸福、欢乐比做太阳，那么，不幸、失败、挫折就可以比做月亮。人不能只企求永远在阳光下生活，在生活中从没有失败和挫折是不现实的。挫折是成功的入场券，能使人走向成熟，取得成就，但也可能破坏信心，让人丧失斗志。对于挫折，关键在于你怎么看待。

山里住着一家猎户。父亲是个老猎手，在山里闯荡了几十年，

猎获野物无数，走山路如履平地，从未出过事。然而有一天，因下雨路滑，他不小心跌落山崖。

两个儿子把父亲抬回了破旧的家，他已经快不行了，弥留之际，他指着墙上挂着的两根绳子，断断续续地对两个儿子说："给你们两个，一人一根。"还没说出用意就咽了气。

掩埋了父亲，兄弟二人继续打猎生活。然而，猎物越来越少，有时出去一天连个野兔都打不回来，兄弟俩的日子艰难地维持着。一天，弟弟与哥哥商量："咱们干点别的吧！"哥哥不同意："咱家祖祖辈辈都是打猎的，还是本本分分地干老本行吧。"

弟弟没听哥哥的话，拿上父亲给他的那根绳子走了。他先是砍柴，用绳子捆起来背到山外换几个钱。后来他发现，山里一种漫山遍野的野花很受山外人喜欢，且可以卖很高的价钱。从此，他不再砍柴，而是每天背一捆野花到山外卖。几年下来，他盖起了自己的新房子。

哥哥依旧住在那间破旧的老屋里，还是干着打猎的营生。由于常常打不到猎物，生活越来越拮据，他整天愁眉苦脸，唉声叹气。一天，弟弟来看哥哥，发现他已经用父亲留给他的那根绳子吊死在房梁上。

如果给你一根绳子，你当如何？

痛苦是通往天堂的梯子

在这个世界上，没有人喜欢痛苦。然而，人生就是痛苦和幸福的综合体，每一个人都摆脱不了痛苦。痛苦是一种折磨，同时又是一种力量。舒适、悠闲远不如坎坷与磨难更能锻炼人，更能发挥人的长处。痛苦造就人的秉赋，痛苦也磨炼人的秉赋，痛苦更能教人靠耐心和韧劲，从苦难之海中顽强跋涉出来。

美国巴拉马州有一个12岁的小男孩，他的名字叫作杰森，在他10岁的时候患了脑癌，已经动过3次大手术并进行了数十次电疗。主治医生认为他的病情不容乐观，但是杰森却勇敢面对他的绝症。他喜欢画画，即使在病床上，他也坚持作画，他的作品曾经数次获得全国大奖。为了在生前开第一次也许是最后一次个人画展，他每天都抽出4个小时绘画。他说：“我一定要坚持活下去。贝多芬不是在耳聋后仍创作出美妙的《月光曲》吗？”

经过多次化疗后，杰森的视力持续衰退，耳朵开始溃烂，但是他的画展依然如期开幕了。杰森因为手术无法亲临现场，只能请一位同学代念了一封他写的信。他在信中是这么说的：“我会好起来的，我相信我一定会好起来的。痛苦虽然很可怕，但我现在已经学会习惯它了。正是痛苦让我知道了人生的宝贵，我将努力珍惜以后的时光。”

勇敢的杰森已开过3次刀，都是直接在脑袋上开刀。他在第三次手术时，主动要求不用麻醉药，因为癌症带来的痛苦远超过开刀的痛苦。

面对坚强的杰森，不由得让人肃然起敬。人，一旦超越了痛苦，痛苦就不再是牵绊，而是一种伟大的力量。

痛苦，是一把成长的钥匙，让你迅速成长；

痛苦，是飞翔的翅膀，让你更接近梦想；

痛苦，是人生的催化剂，让你更有力量；

痛苦，是一扇通往智慧的门，将人带入心灵的殿堂；

痛苦，是一个炼钢的火炉，让你更加刚强；

……

痛苦是一架梯子，对于强者来说，它通向成功的殿堂；对于弱者来说，它则通向黑暗的地狱。

高尔基一生历经坎坷，吃了不少苦，也收获了不少人生阅历，充实的人生经历为他的成就打下了基础。回顾往事的时候，高尔基说道："一个人如果没有他吃不了的苦，那么就没有他做不成的事情。"人如果能正视苦难，是一种人生的豪迈。善待苦难，苦中作乐，是一种人生的乐趣！

失败是一种人生财富

古埃及国王有一次举行盛大的国宴，厨工在厨房里忙得不可开交。一名小厨工不慎将一盆羊油打翻，吓得他急忙用手把混有羊油的炭灰捧起来往外扔。扔完后去洗手，他发现双手滑溜溜的，特别干净。小厨工发现这个秘密后，悄悄地把扔掉的炭灰捡回来，供大家使用。后来，国王发现厨工们的手和脸都变得洁白干净，便好奇地询问原因。小厨工便把自己的事情告诉了国王。国王试了试，效果非常好。很快，这个发现便在全国推广开来，并且传到希腊、罗马。没多久，有人根据这个原理研制出流行全世界的肥皂。

错误，绝对没有想象中那么可怕，它其实是一种特殊的教育、一种宝贵的经验。有时候，错误中往往孕育着机会。换个念头去面对错误，可能是另一个更圆满的成果。

2002年10月10日，一条消息在全球迅速传播开来——日本一位小职员荣获了2002年诺贝尔化学奖。一位小职员居然也获得如此大奖？没错，他就是日本一家生命科学研究所的田中。

他不是科学界的泰斗，也非学术界的精英，他甚至不是优等生，大学时还留过级；他找工作时未通过面试而被索尼公司拒之门外，后经老师的极力推荐才有机会走进现在的这家研究所。他是那样的平凡，获奖前，就连同事都不知道有田中这个人。当他接到获奖通知时，他还以为是谁在跟他开玩笑呢。

面对众多记者的追问，田中笑着说：“说来惭愧，一次失败却创造了让世界震惊的发明……”

事实的确如此。当时，田中的工作是利用各种材料测量蛋白质的质量。有一次，他不小心把丙三醇倒入钴中，他没有立即推翻重来，而是将错就错对其进行观察，于是意外地发现了可以异常吸收激光的物质，为以后震惊世界的发明“对生物大分子的质谱分析法”奠定了成功的基础。

失败在悲观者眼里是灾难，在乐观者眼里却是一次改正的机会。有失败的痛苦，才有成功的欢乐；有失败的考验，才有做人的成熟。勾践被夫差打败后，卧薪尝胆十年才一雪前耻；史蒂芬孙发明的第一个火车又笨又慢，经过无数次改良，终于成功。所以，失败也是一种财富，因为通过它又一次磨炼了你自己，完善了自我，又一次体味到坚韧的宝贵价值。

失败会使生活产生波折，从而更添生活情趣。没有遭遇过失败的人，永远是轻浮的。一个人经历的失败越多，他的经验就越丰富，做人就越成熟，能力也就越强。这样的人，只要他还能保持乐观，维持顽强的上进心，他就一定是最后的成功者。

有缺陷，就勇敢地面对

一只毛毛虫向上帝抱怨：“上帝啊，你也太不公平了。我作为

毛毛虫的时候，丑陋又行动缓慢，而当我变成了蝴蝶后，却美丽又轻盈。前期遭人厌恶，后期又招人赞美。这也太不公平了吧！”

上帝点了点头，说：“那你准备怎么办？”

毛毛虫接着说：“这样吧，平衡一下。我现在虽然丑陋点，但你让我行动轻盈点；当我化为蝴蝶后，让我行动迟缓一点。”

“这样啊，那恐怕你活不了多久啊！”上帝摇了摇头。

“为什么啊？”毛毛虫焦急地反问。

“如果你有蝴蝶的漂亮却只有毛毛虫的速度，是不是很容易就被人捉了去呢？现在之所以没人碰你，就是因为你的丑陋啊。”上帝语重心长地说。

毛毛虫想了想，决定还是做一只缓慢而丑陋的毛毛虫，因为这样不会因为美丽而失去性命。

在这个世界上没有任何一个人是完美的。不要害怕自己有缺陷，会受到别人的嘲笑，要勇敢地去面对它，并将这些缺陷化作自己前进的动力。

布莱克从小双目失明，那时候他还不知道失明的后果。当他长大的时候，他知道他将永远看不到这个世界。

“上帝，为什么要这样对我？难道是我做错了什么你惩罚我吗？我看不到小鸟，看不到树木，看不见颜色。失去了光明，我还能干什么？”布莱克常常这么问自己。

他的亲人和朋友，还有许多好心人都来关怀他，照顾他。当他坐公共汽车的时候，常常有人为他让座。当他过马路的时候，会有人来搀扶他。但布莱克把这一切都看成是别人对他的同情和怜悯，他心里并不好受，不愿意一直这样被同情怜悯。

直到有一天，一件事情改变了他对世界的看法。那是莱恩神父讲给他的一句话："世上每个人都是被上帝咬过一口的苹果，都是有缺陷的。有的人缺陷比较大，因为上帝特别喜爱他的芬芳。"

"我真的是上帝咬过的苹果吗？"他问莱恩神父。

"是的，你不是上帝的弃儿。但是上帝肯定不愿意看到他喜欢的苹果在悲观失望中度过他的一生。"莱恩神父轻轻地回答道。

"谢谢你，神父，您让我找到了力量。"布莱克高兴地对神父说道。从此他把失明看作是上帝的特殊钟爱，开始振作起来。若干年后，当地传诵着一位德艺双馨的盲人推拿师的故事。

事实上，有许多先天条件并不优秀的人之所以取得成功，是因为开始的时候有一些阻碍他们的缺陷促使他们加倍努力而得到更多的补偿。

一个男孩，从小到大都是坐在教室的最前排，因为他的个子一直是班上最矮的，只有一米二，而这个身高从此没有再改变过。他患的是一种奇怪的病，医学上称是内分泌失常导致的。

他的家境不好，父母都是农民，却要供养3个孩子念书。他上中学了，父母决定从学校抽回一个孩子，他们的目光首先落到了矮小的他身上。可他倔强地回绝了父亲："我要上学，学费我自己想办法！"从此，他拎着一个大大的塑料袋开始了自己的拾荒生涯，将一包包的废品换成学费。

在后来的一次事故中，父亲不幸丧失了劳动能力，矮小的他不得不连兄妹的担子也替父母扛起来。很显然，卖破烂的钱已远远不够。偶然的机会，他听人说烟台一带拾荒的人少，就和父亲来到了烟台。为了生计，他边拾荒边乞讨，有空的时候，他就坐在人来车往的大街边捧着书本看。

父亲说，讨饭的看书有什么用。他反驳道，乞丐也有两种，一

种是形式上的，一种是精神上的，他是第一种。

在拾荒与乞讨的间隙，他以超乎常人的毅力与决心，学完了高中的所有课程，因为他有一个梦想。功夫不负有心人，在2003年，他以超出本科线30分的成绩被重庆工商大学录取。他就是袖珍男孩——魏泽阳。

有人问他为什么能改变自己的命运。他从容地说："我可以贫穷，却不可以低贱，我可以矮小，却不可以卑微！"

赖斯利说："人生的意义不在于拿到一副好牌，而在于怎么样打好一副烂牌。"缺陷不一定都是坏的，有可能就是你的长处和优点。只要会利用，可能还会给你带来意想不到的效果，但是，前提是你必须得正视缺陷。

人不可能十全十美，但人要永远追求完美。如果有缺陷，就要勇敢地面对，并战胜它。

谁都可以创造奇迹

在美国，有一个越战时期的军人，他是一个有手无腿的残疾人，却成为家喻户晓的英雄。他的名字任何一个美国人都耳熟能详——鲍勃·威兰德。他并不是靠作战的英勇和赫赫战功而成为美国人心目中的英雄的，在美国人的心目中，他是意志的化身，他是勇气的象征，他是奇迹的创造者。在教育后代的时候，人们会说，要像鲍勃·威兰德那样！

1969年，当鲍勃·威兰德刚刚23岁的时候，他以大学的棒球主力队员而闻名。这个时候，他接到了让他应征从军远赴越南战场的征兵令。不幸的是，在他刚到越南的第二个月，他就在南越西贡市近郊的亚热带密林中踩上了地雷，腰身以下顷刻间不复存在。他由一个高190厘米、体重90公斤的魁梧男子变成了不足一米高、有手无腿的半截人。

面对这样的人生遭遇，灰心丧气以至轻生厌世都是可以想象的，但是鲍勃·威兰德没有，他选择了另外一种方式！

鲍勃·威兰德告诉关心他的人："我是不会求助于别人的。"他对人们说：没有了双腿，我还有双手，我可以用双手代替双腿。在医院里，他拒绝护理人员给他更衣，上下楼梯他也拒绝护理人员搀扶。"我有双手，我什么都还能做。"他这样告诉护理人员。开始他很吃力，但不久他就行动自如了。后来又学会了自己驾驶汽车，又重新踏进了洛杉矶的大学校门，甚至考取了体育教师的资格。

鲍勃·威兰德自强不息的精神感动了许许多多的美国人，也感动了一位时装模特的芳心，她冲破世俗的压力，与他相携走进结婚的殿堂，结为伉俪。

不久，鲍勃·威兰德又做出了一个令所有美国人瞠目结舌的举动，他要用手跑完从洛杉矶到首都华盛顿的5000公里路程。几乎所有的人都认为这是个不可思议的决定。

5000公里路程，沿途既有连绵起伏的山路，也有荒无人烟的戈壁沙漠，也有人迹罕至的原始森林。他的家人都极力劝阻他，舆论也在积极赞美的同时奉劝他为了身体三思而后行。但是鲍勃·威兰德下了决心，他说："我并不认为自己是个残疾人。只要是你想做的事情，那你就一定能够做到，就看你想不想做了。"

鲍勃·威兰德上路了。从一开始起程，他就成了美国舆论的焦点，几乎所有的美国报刊都始终关注着他的一举一动。所到之处，他都受到了空前的欢迎。无以计数的家长带着自己的儿女到鲍勃·威兰德的经过之地等待他的到来，他们要告诉自己的孩子，这个人就是那个征服自己的人，就是那个从来都不知道什么是困难的

人，就是那个从来也不求助别人的人。

他耗费了整整3年零8个月又6天的时间，用自己的双手，走完了从美国西部的洛杉矶到美国东部的华盛顿，跨越整个美国大陆的5000公里路程！其间，经历过45℃的沙漠高温，经历过零下20℃的严寒，爬上过海拔2400米的山路要塞。但坚强的鲍勃·威兰德都战胜了它们，他最终走到了华盛顿。

在他临近华盛顿的时候，整个华盛顿，或者说整个美国，万人空巷，像欢迎一支作战凯旋之师一样欢迎他的到来。

在美国，他的名字是勇气、坚强、意志的代名词。他的那句话已经深入人心，激励着每一个自强不息的人：我是不会求助于别人的，谁都能够创造奇迹。

顽强的意志可以征服世界上任何高山，威兰德用自己超乎寻常的行动再次证明了这句话。一个有手无腿的半截人，竟然学会了驾驶汽车，考取了体育教师的资格，甚至用自己的双手，横跨整个美国大陆的5000公里路程。他用顽强的意志创造了一个奇迹。如果我们将威兰德的精神学到手，那么还有什么困难可以阻挡我们前进的步伐？

天才往往来自苦难

“自古英雄多磨难，从来纨绔少伟男”，身处逆境，历经磨难，才能创造奇迹。伟人如此，天才也不例外。

有一个人，一生落魄，孤独而又自卑地生活在自己构建的王国里，得不到别人的任何承认。

28岁的时候，他爱上了表姐，一个刚刚守寡的孕妇。为了表达自己对她的爱意，他把自己的手掌伸进熊熊的炉火中，以致严重受伤，差点儿残废。

可那位表姐不理解他这种独特的表达爱意的方式，拒绝了他。为此，他差点儿走上绝路。

有一次他跟着朋友出去玩，因为没有5法郎，被拒之门外。一个叫拉舍尔的女人对他说："你没有钱，为什么不把耳朵割下来代替呢？"

他回到家，取刀真的把耳朵割了下来，用布包好送到拉舍尔的面前。小镇上的居民都以为他是疯子，甚至要求市政府把他关进疯人院。

他喜欢作画，而且是个天才的画家。但是，没有一个人能读懂他的画，没有人知道他的画的价值。他的画只能在兄弟的小画廊里寄售，几年来，没有售出一幅画。那位管理小画廊的兄弟差点儿被老板炒了鱿鱼。

他一生大概只售出过一幅画，题目叫作《红色的葡萄园》，价值是4英镑。这幅画是他的兄弟和朋友为了帮助他而买下的。

他最大的希望是能找一家咖啡馆展出自己的作品，可是，到死也没有一家咖啡馆愿意展出他的画。

在绝望中，他朝自己腹部开了一枪，却不足以致命。他对赶来的医生说："看来，这次我又没干好。"

最后，他死在绝望和旷世孤独中，他的安葬仪式也极其简单。

他就是梵·高，伟大的画家，他的成就现在无人能及。他的画每一幅都价值连城，他的出生地和安息地荷兰、法国都争相把他当作自己的国民，他的画在巴黎、伦敦、荷兰的博物馆都有收藏，并且被放在最显著的位置。

为什么上苍如此亏待他？造就了他的天才，却没有造就出欣赏他的人。是不是一个天才的产生需要搭配相应的苦难，天才至极致，苦难也至极致，上帝在冥冥之中的那双手，难道早已计算好了，尽在他的掌握中？

在《我们的地球》这部大型纪录片中，有一段镜头是蓑羽鹤飞越喜马拉雅山。为了生存和繁殖，蓑羽鹤必须翻越这座世界上最高的山脉到达它在印度的越冬地。它们除了必须克服高海拔的艰险外还得面对金雕的袭击。在生命的禁区，看到这样的情形，就像看到人类攀登喜马拉雅山一样，顽强的生命力在蓑羽鹤身上体现得更加淋漓尽致。

超越极大的苦难越过珠穆朗玛峰，蓑羽鹤才能到达越冬地进行繁殖，开始新的生活。这进一步印证了一个道理：只有经过苦难的洗礼，世界万物才能获得新生。人何尝不是如此呢？

最大的敌人就是自己

驯鹿和狼之间存在着一种非常独特的关系，它们在同一个地方出生，又一同奔跑在自然环境极为恶劣的旷野上。大多数时候，它们相安无事地在同一个地方活动，狼不骚扰鹿群，驯鹿也不害怕狼。在这看似和平安闲的时候，狼会突然向鹿群发动袭击。驯鹿惊愕而迅速地逃窜，同时又聚成一群以确保安全。狼群早已盯准了目标，在这追和逃的游戏里，会有一只狼冷不防地从斜刺里蹿出，以迅雷不及掩耳之势抓破一只驯鹿的腿。

游戏结束了，没有一只驯鹿牺牲，狼也没有得到一点食物。第二天，同样的一幕再次上演，依然从斜刺里冲出一只狼，依然抓伤那只已经受伤的驯鹿。

每次都是不同的狼从不同的地方蹿出来做猎手，攻击的却只是那一只鹿。可怜的驯鹿旧伤未愈又添新伤，逐渐丧失大量的血和力气，更为严重的是它逐渐丧失了反抗的意志。当它越来越虚弱，已不会对狼构成威胁时，狼便群起而攻之，美美地饱餐一顿。

其实，狼是无法对驯鹿构成威胁的，因为身材高大的驯鹿可以一蹄把身材矮小的狼踢死或踢伤，可为什么到最后驯鹿却成了狼的腹中之食呢?

狼是绝顶聪明的，它们一次次抓伤同一只驯鹿，让那只驯鹿经过一次次的失败打击后，变得信心全无，到最后它完全崩溃了，完全忘了自己还有反抗的能力。最后，当狼群攻击它时，它放弃了抵抗。

所以，真正打败驯鹿的是它自己，它的敌人不是凶残的狼，而是自己脆弱的心灵。同样的道理，要让自己强大起来，唯一的方法就是挑战自己，战胜自己，超越自己。

每个人最大的对手就是自己。如果你能战胜自己，走出布满阴霾的昨天，你也能成为幸福的人，获得自己人生的奖赏。

不经历风雨，怎能见彩虹

老鹰是世界上寿命最长的鸟类。它可以活到 70 岁。要活那么长的寿命，它在 40 岁时必须作出艰难却重要的决定。

当老鹰活到 40 岁时，它的爪子开始老化，无法有效地抓住猎物。它的喙变得又长又弯，几乎碰到胸膛。它的翅膀变得十分沉重，因为它的羽毛长得又浓又厚，使得飞翔十分吃力。

它只有两种选择：等死，或经过一个十分痛苦的更新过程。

老鹰要经过 150 天漫长的历练，很努力地飞到山顶，在悬崖上

筑巢，停留在那里，不得飞翔。

老鹰首先用它的喙击打岩石，直到完全脱落，然后静静地等候新的喙长出来。

它会用新长出的喙把指甲一根一根地拔出来。当新的指甲长出来后，它们便把羽毛一根一根地拔掉。5个月以后，新的羽毛长出来了。这个时候，老鹰才能开始飞翔，重新得到30年的岁月！

在我们的生命中，有时候我们也必须作出艰难的决定，然后才能获得重生。我们必须把旧的习惯、旧的传统抛弃，使我们可以重新飞翔。只要我们愿意放下旧的包袱，愿意学习新的技能，我们就能发挥我们的潜能，创造新的未来。

乔·路易斯，世界十大拳王之一，可以说是历史上最为成功的重量级拳击运动员，在长达12年的时间里，他曾经让25名拳手败在自己的拳下。

自从上学以后，乔伊·巴罗斯就成了同学嘲弄的对象。也难怪，放学后，别的18岁的男孩子进行篮球、棒球这些“男子汉”的运动，可乔伊却要去学小提琴！这都是因为巴罗斯太太望子成龙心切。20世纪初，黑人还很受歧视，母亲希望儿子能通过某种特长改变命运，所以从小就送乔伊去学琴。那时候，对于一个普通家庭来说，每周50美分的学费是个不小的开销，但老师说乔伊有天赋，乔伊的妈妈觉得为了孩子的将来，省吃俭用也值得。

但同学不明白这些，他们给乔伊取外号叫“娘娘腔”。一天乔伊实在忍无可忍，用小提琴狠狠砸向取笑他的家伙。一片混乱中，只听“咔嚓”一声，小提琴裂成两半儿——这可是妈妈节衣缩食给他买的。泪水在乔伊的眼眶里打转，周围的人一哄而散，边跑边叫：“娘娘腔，拨琴弦的小姑娘……”只有一个同学既没跑，也没笑，他叫瑟斯顿·麦金尼。

别看瑟斯顿长得比同龄人高大魁梧，一脸凶相，其实他是个热心肠的好人。虽然还在上学，瑟斯顿已经是底特律“金手套大赛”的卫冕冠军了。“你要想办法长出些肌肉来，这样他们才不敢欺负你。”他对沮丧的乔伊说。瑟斯顿不知道，他的这句话不但改变了乔伊的一生，甚至影响了美国一代人的观念。虽然日后瑟斯顿在拳坛没取得什么惊人的成就，但因为这句话，他的名字被载入拳击史册。

当时，瑟斯顿的想法很简单，就是带乔伊去体育馆练拳击。乔伊抱着支离破碎的小提琴跟瑟斯顿来到了体育馆。“我可以先把旧鞋和拳击手套借给你，”瑟斯顿说，“不过，你得先租个衣箱。”租衣箱一周要50美分，乔伊口袋里只有妈妈给他这周学琴的50美分，不过琴已经坏了，也不可能马上修好，更别说去上课了。乔伊狠狠心租下衣箱，把小提琴放了进去。

开头几天，瑟斯顿只教了乔伊几个简单的动作，让他反复练习。一个礼拜快结束时，瑟斯顿让乔伊到拳击台上来，试着跟他对打。没想到，才第三个回合，乔伊一个简单的直拳就把“金手套”瑟斯顿击倒了。爬起来后，瑟斯顿的第一句话就是：“小子，把你的琴扔了！”

乔伊没有扔掉小提琴，但他发现自己更喜欢拳击，每周50美分的小提琴课学费成了拳击课的学费，巴罗斯太太懊恼了一阵后，也只好听之任之。不久乔伊开始参加比赛，渐渐崭露头角。为了不让妈妈为他担心，乔伊悄悄把名字从“乔伊·巴罗斯”改成了“乔·路易斯”。

5年以后，23岁的乔已经成为重量级世界拳王。1938年，他击败了德国拳手施姆林，当时德国在纳粹统治之下，因此乔的胜利意

义更加重大，他成了反法西斯者心中的英雄。但巴罗斯太太一直不知道人们说的那个黑人英雄就是自己“不成器”的儿子。

漫漫人生，人在旅途，难免会遇到荆棘和坎坷，但风雨过后，一定会有美丽的彩虹。任何时候都要抱乐观的心态，任何时候都不要丧失信心和希望。失败不是生活的全部，挫折只是人生的插曲。虽然机遇总是飘忽不定，但朋友，只要你坚持，只要你乐观，你就能永远拥有希望，走向幸福。

牌不在于好坏，而在于你想不想赢

生活中很多人有成功的愿望，但愿望和信念不一样。愿望只是静态的：“我希望成功，希望富有，希望很有成就……”而信念则是动态的：“我要获得成功，要创造财富，要获得成就……”一个拥有坚定信念的人，坚信成功会在不久到来，所以一直努力坚持，用自己最大的努力向成功迈进。

原籍中国广东的泰国华侨、亚洲最大的富翁之一、泰国的头号大亨、泰国盘谷银行的董事长陈弼臣，其父亲只是泰国曼谷某商业机构的一名普通秘书。陈弼臣儿时被父亲送回中国接受教育。17 岁那一年因家境贫困被迫辍学。返回曼谷后，陈弼臣做过搬运夫、售货小贩以及厨师，同时还为两家木材公司做账目，日子就在他精打细算的盘算中度过。四年之后，陈弼臣终于从一家建筑公司职位低微的秘书，晋升为部门经理。后来，在几位朋友的赞助下，他集资创办了一家五金木材行，自任经理。经过艰苦的奋斗，攒了一些钱后，陈弼臣又接连开了三家公司，致力于木材、五金、药物、罐头食品以及大米的外销业务。当时，泰国被日本占领，陈弼臣的生意可想而知。但是，陈弼臣一边抗日，一边做生意，业务在他的打理下渐渐兴隆。

1944年底，陈弼臣与其他10个泰国商人集资20万美元创立了盘谷银行，职员仅仅23人。银行正式营业后，陈弼臣经常与那些受尽了列强凌辱、被外国大银行拒之于门外的华裔小商人来往。尽管那些贫穷的小商人时常突如其来地闯进陈弼臣的家中，但仍然受到陈弼臣的礼遇。

关于这一点，陈弼臣后来说："在亚洲开银行是做生意，不是只做金融业务。当我判断一笔生意是否可做时，只观察这个顾客本人，观察他的过去和他的家庭状况。"

陈弼臣最初负责银行的出口贸易，因此与亚洲各地的华人商业团体建立了广泛的联系，并且积累了丰富的业务知识和经验，大大推进了盘谷银行的出口业务。在他出任盘谷银行的总裁后，一直是这家银行的中流砥柱。

经过多年的艰苦奋斗，陈弼臣已跨进亚洲的大富翁之列。

陈弼臣的成功史，其实是一部白手起家的创业史。他没有继承祖业，也没有飞来的横财，他经过自己苦苦地寻觅，一直不甘落后，渴望成功，终于找到了属于自己的那一片蓝天、自己的那一方土地，找到了发展机遇。这一切都是他不听任命运摆布的结果。

历史上的众多人士就是因为心中怀着成功的信念，才能够留名史册。

司马迁凭着自己坚定的信念，历经各种坎坷，搜集到了大量的历史素材和社会素材，才完成了名垂千古的《史记》。

元朝的时候，一名女子出身贫苦，并且是别人的童养媳，凭借着坚强的意志逃到了海南岛，并在那里与当地的人民一起生活了几

十年，而后发明了纺织机，这个人就是黄道婆。生于并处于恶劣的条件下，她就是凭着“誓为祖国报效”的坚定信念取得了成功，假若黄道婆没有坚定信念她就不会逃到海南岛，也不会发明纺织机。

一个看不到屋外的阳光、听不到大自然的声音的女孩却能够赢得世人的尊重，她就是海伦·凯勒。她以自己坚强的意志力，以“热爱生命、刻苦学习”的信念不向命运屈服并最终获得了成功。

马克思凭借对人类社会改良的信念，在众多的批判声中依然坚持自己的意见，终于完成了《资本论》，并成为社会主义思想的奠基人和创始人之一。

无论古今中外，成功的人都怀着一个必定成功的信念，也正是这些信念，不断地支持着他们在成功的路上披荆斩棘，一路向前。

一个人能否成功，关键还在于他是否具有坚定不移的信念。踏过人生的重重阻挠，为自己的明天而努力！

不能改变手中的牌，就改变出牌的方式

有人这样解读“命运”：“命”是由基因决定的，是伴随我们一生难以改变的那一部分；“运”则是后天形成的，是可以通过我们的努力加以改变的。有时，我们会有一个不如常人的出身，会有贫寒的童年，甚至会有残缺的身体，这些就像手中拿到的坏牌，这是不可变更的。但是，究竟怎样来玩这把牌，主动权在我们的手里，我们可以变换出牌的方式，尽全力得到最好的结果。

美国心理学家福·汤姆逊有一次外出回家，天色已晚，大街上静悄悄的，连个人影都没有。他摸了摸旧大衣口袋里的2000美元，心里不免为之担忧。因为当时强盗很猖獗，人们外出时往往带上几

美元，以在被劫时乖乖奉上，保全自己的性命。

汤姆逊边走边警惕地观察四周，果然发现身后几米远的地方，有个戴鸭舌帽的彪形大汉紧紧尾随着他。他慢跑快走，怎么也甩不掉这个“尾巴”。汤姆逊毕竟是个心理学家，他急中生智，冷不防地向后转，朝大汉迎面走去，并用凄惨的声音对大汉说：“先生发发慈悲，给我几角钱吧！我快饿得发昏了。”

大汉上下打量他一番，见他一副寒酸相，嘟囔着说：“倒霉！我还以为你口袋里有钱哩！”说完，他从口袋里摸出一点儿零钱抛给汤姆逊，然后把大衣领子竖起来半遮着脸，很快闪进黑暗里去了。

你一定会说：“太聪明了！”的确，善于找方法的人无论面临怎样的困境都能将主动权紧紧掌握在自己手中。

企业无不喜欢“玩好坏牌”的员工，有了这种精神和智慧，无论是在工作中还是生活中，都可以把问题解决得很好。

有一个人卖菜，每天挑担子去菜市场，一天大概能赚两百块，生活过得不松不紧。可是他观察到，在中国台湾，人们在农历每月的初二和十六，都要拜土地爷。很多公司的会计或采购小姐会到菜市场买鱼、买肉、买水果等。他就灵机一动，如果他们都需要出来买东西，就不能在公司工作了，对老板来说，这是不划算的。如果我提供给他们这样的服务，那不是有了很大的赚钱机会吗？

于是他去了一栋16层的大楼，共有160家公司。他对那些公司的老板说：“我是菜市场卖菜的，就在你们这栋楼附近。我看你们的会计每个月都需要出来买菜，每个月要浪费两天的工作时间，你们发给他们的工资不是让他们来买菜的，买菜这种事我来做好了。我这儿有三种菜单可以让你选，一种是A餐，一种是B餐，

一种是C餐。A餐有水果、有鸡鸭鱼肉、有饼干，还有烧的那些“金子银子”；B餐有水果、糖果、饼干和拜烧的东西，但是没有肉；C餐有饼干、拜烧的东西，可是没有水果。A餐台币1500块，B餐1000块，C餐500块，一个月两次准时配送到你公司，只要一年结四次账，每季度结一次就好。

于是，很多公司都开始预订定C餐，因为它最便宜。可是每次拜土地爷的时候发现，隔壁那一家供的是B餐，土地爷会不会去吃B餐而不来吃C餐？所以他们下一次的供品全部都改成B餐，结果又发现别人先走了一步，已经用A餐了，所以他们又全部都改成A餐。A餐1500块，一个月两次共3000块，这栋楼有160家公司，就是48万，一年就是576万，而他现在已经按了15栋楼的生意了，营业额将近一个亿。

卖菜也能卖出花样，卖出创意，并能根据人们的心理引导大家的消费，不可谓不聪明。如果有更多的人具有卖菜人的智慧，生活和工作至少会变得更好一些。

不能改变手中的牌，就改变出牌的方式。这是一种智慧，是一种变通，是一种寻求方法的途径。当问题出现时，就像我们的手中握着一把糟糕的牌，状况难以改变，我们只能改变自己的思路，改变行事的方法，力求将“坏”变成“好”，继而让自己变得优秀，变得卓越。

晒晒自己的优点，越臭的牌局越需要掌声

很多人对自己的评价往往是这样的：我不行，我没有某某的才干，我没有某某貌美，我没有某某有人缘，我是这几个人中最差的

一个，我……总之一堆堆消极的评价，对自己这样的评价看起来没什么，实际上会对一个人的发展产生巨大的影响。人应当适时“晒晒”自己的优点。

一个对自己具有消极评价的人在做事情的时候总会缩头缩尾，放不开手脚，所以自身的能力总得不到最大化的发挥，所以可想而知，一个不发挥自己能力的人和一个将自己的能力极大地发挥出来的人相比较，孰强孰弱，一目了然。

一个消极的评价也会影响自己的心情，总觉得自己不如别人，所以做事情就会缺乏信心，有时候即使有好的机会来临，对自己评价消极的人也会让机会白白溜走，因为对自己没有信心，所以就不敢去抓机会。人实际上应当多给自己一些积极的评价，这样会更有助于自己的成长。

一个喜欢棒球的小男孩，生日时得到一个新的球棒。他激动万分地冲出屋子，大喊道：“我是世界上最好的棒球手！”他把球高高地扔向天空，举棒击球，结果没中。他毫不犹豫地第二次拿起了球，挑战似的喊道：“我是世界上最好的棒球手！”这次他打得更带劲，但又没击中，反而跌了一跤，擦破了皮。男孩第三次站了起来，再次击球。这一次准头更差，连球也丢了。他望了望球棒道：“嘿，你知道吗，我是世界上最伟大的棒球手！”

每个人都需要给自己一个积极的评价，特别是当你身处逆境的时候，赞美自己可以使你更加自信。尼采说：“每个人距自己是最远的。”这句话的意思是说，人类最不了解的是自己，最容易疏忽的也是自己。

有人说，演员必须有人赞美，如果好长时间没人赞美，他就应自己赞美自己，这样才能保持舞台激情，保持自信。员工需要老

板的褒奖，学生需要老师的表扬，孩子需要父母的肯定，都是一个道理。人们的心灵是脆弱的，需要经常的激励与抚慰，常常自我激励、自我表扬，会使自己的心灵快乐无比，时常拥有自信。

一个人只有时刻保持自信和快乐的感觉，才会使自己在不顺心的生活中更加热爱生命、热爱生活。只有快乐、愉悦的心情，才能催动人的创造力和人生动力。只有不断给自己创造快乐，才能远离痛苦与烦恼，才能拥有快乐的人生。

这种对自我的赞美，正是一颗深深地植根于自己灵魂中的种子，最后一定会在现实生活中结出无数颗能展示生命之美的果实。

自我赞美，会成为创造奇迹的动力。当年拿破仑在奥辛威茨不得不面临着数倍于自己的强敌时，拿破仑对即将投入战斗的将士们说："……我的兄弟们，请你们记住：我们法兰西的战士，是世界上最优秀的战士，是永远都不可战胜的英雄！当你冲向敌人的时候，我希望你们能高喊着：我是最优秀的战士，我是不可战胜的英雄！"战斗中，法国将士高喊着"我是最优秀的战士，我是不可战胜的英雄"的口号，他们以一当十，摧枯拉朽地大败奥、俄等国的联军。

给自己一个积极的评价，适时赞美自己，你就可以从中获得不可战胜的力量；可以使自信的阳光融化心中的胆怯和懦弱；可以唤醒生命里沉睡的智慧和能力，从而推动事业的蓬勃发展；赞美自己，你的灵魂从此将不再迷失在绝望的黑暗里……

人生是场牌局，每个人都有手握烂牌的时候，都遇到过牌局中的逆境，此时，自暴自弃就是赢牌的大敌，只有能够看到自身优势、自己给自己掌声的人才可能创造奇迹。对于我们每个人来说，得到别人的赞美都是不容易的，此时要懂得自己赞美自己，赞美让人自信，催促自己奋进！

总有一张拿得出手的好牌

现实生活中，有的人常常感到实际中的“我”离理想中的“我”太遥远了。一方面在为自己设想一条成功之路，另一方面又悲叹自己无力去实现……

为什么有的人在平凡的工作中，却干出了不平凡的成绩，而有的人终生都一事无成？问题不在于一个人的“天赋”有多高，而在于人们常常看不清自己，难以认识自己所拥有的一切，不论是你的外貌、才能、身高、人脉，都是你可以拿出来的资本。只是我们不能很好地利用这些资源，导致机会的错失。

罗琳太太是一家500强公司的清洁工，她手脚不是很勤快，但嘴巴却总是闲不住，经常与人搭讪，手机也是天天响个不停，好像比公司的经理还要忙。

一天，公司的员工们聚在一起聊天，汤姆突然感叹道：“我们连罗琳太太都不如啊！”见到别人诧异，他又说：“你猜她每个月能赚多少钱？”

一个清洁工，薪水再高能高哪去？有人说500，有人说800，但汤姆只是摇摇头，伸出了四个指头，于是有人就“大胆”地猜测：“不会是4000吧，挺厉害的呀。”

“什么4000？是4万美元！她每个月至少可以赚4万！”

“不会吧？”大家惊讶得眼珠子都差点掉下来。

“是她自己跟我说的。”汤姆笑着说，“罗琳太太还说，做清洁工只是一个平台，我觉得她完全可以做一个CEO了！”

原来，罗琳太太借着到公司做清洁工，打听公司里谁需要找钟

点工，谁需要租房子，然后就当起了中介，收取中介费。罗琳太太还自己买了一套房子，并以一万的月租把这套房子租了出去。

罗琳太太借清洁工这个平台延伸出的另一项业务是卖保险。公司里面有不少员工都已经向罗琳太太买了几万元的保险。

罗琳太太就善于运用自己所拥有的东西，利用善于和人打交道这个特点寻找适当的客户、选择合理的沟通方法以及适时地转变经营项目。

在日常生活中，当两个企业之间进行竞争的时候，无数个回合都难以决出胜负的时候，如果其中一个企业能够充分发挥自身企业优于对手的地方，认识到对方的弱项，并对自己的强项进行深入地发掘、发展，那么就很有可能在竞争中取胜。这和人与人之间的道理是一样，比如：小张和小王进行竞争，小张是一个充满奇思妙想的人，而小王却没有小张的思维活跃，但是小王却是一个极细心和耐心的人，那么这一点就可以作为小王的强项与小张进行对比，而不是在奇思妙想上与小张进行竞争，这显然会吃亏的。竞争的时候，小王如果尽力处处彰显细心的力量，体现一个人细心所带来种种优势，就很可能在这方面战胜小张。

一个人的身上总会有最闪光的地方，就像电视剧《士兵突击》中的许三多一样，他虽然不是很聪明，但是他身上闪现的是人最本质、最纯真的东西，在时间的不断证实中，他也一样光彩照人，甚至比别人更加出色。我们每个人都可以做出惊人的成绩，如果将自身拥有的最突出的、上天赠予的不同于别人的优秀本能发掘出来，就离成功越来越近。人身上的这种力量一旦被唤醒，即便在最卑微的生命中，也能像酵母一样，对身心起发酵净化作用，增加人工作的力量。

不论是生活处于什么样的困境，我们每一个人都要相信自己身上永远有着一张拿得出手的牌，在生活中不断发掘自身的潜力，认识自我，就可以在关键的时候打出这张牌。

决定输赢的不是牌的好坏，而是你的心态

生活中，有人为低工资而懊恼、忧郁，猛然发现邻居大嫂已经下岗失业，于是又暗暗庆幸自己还有一份工作可以做，虽然工资低一些，但起码没有下岗失业，心情转眼就好了起来。很多人总是看重自己的痛苦，而对别人的痛苦忽略不计。当自己痛苦不堪的时候，要是能够换一个角度来思考，痛苦的程度就会大大减弱。当自己兴高采烈的时候，应多向上比，会越比越进步；当自己苦恼郁闷的时候，应多向下比，会越比越开心。

所以，很多时候，我们要多看到自己的优点，看到自己所拥有的，而不是抓住自己的缺点或者不曾拥有的东西不放。人生最可怜的事，不是生与死的诀别，而是面对自己所拥有的，却不知道它是多么的珍贵。

从前有一个流浪汉，不知进取，每天只知道拿着一个碗向人乞讨度日，最后终于有一天，人们发现他饥饿而死。他死后，只留下了那个他天天向人要饭用的碗。有人看到这个碗，觉得有些特别，就带回家仔细研究，后来发现，原来流浪汉用来向人乞讨的碗，竟是价值连城的古董。

《法华经》记载了这样一个故事：

有个穷人探访一位有钱有地位的富翁亲戚。富翁同情他，故热诚款待，结果穷人酒醉不醒。恰好这时官方通知富翁有要事需要他

处理，富翁想推醒穷人，向他告别，但穷人不醒，富翁只好悄悄地把一些珠宝塞进他的破衣服之中。

穷人醒后，浑然不知，依然如同往常，四处流浪。过了一些时日，两个人偶遇，富翁告诉他衣服中藏宝的真相，穷人方才如梦初醒。

原来这么多日子以来，自己身上有“宝藏”也不知道！

每个人身上就拥有很大的潜能，只是大多数人都毫无察觉。20世纪90年代，由于受亚洲金融风暴的影响，香港经济萧条，各行各业传来裁员的消息，社会上一下子出现了很多的“穷人”。有些人怨天怨地，自暴自弃；有些人担惊受怕，惶惶不可终日。人们都指望老天爷搭救，幻想买六合彩、赌马、打麻将能发财。这时一位学者站出来呼吁说：“大家为什么不冷静地反省、思索，面对经济不景气，自己还有哪些潜藏的本事、才能没有发挥？凭自己的实力、条件，还有哪些事业、工作可以去拼搏？”

如同那位身怀“宝藏”却仍四处流浪的穷人一样，我们要仔细地“搜查”一下自己，看看自己的潜能在哪里。找到宝藏后，你还会失落惆怅吗？

有一幅漫画画出了以下景象：一个漂亮的女孩子，觉得自己过得很不幸，终于有一天她决定跳楼自杀。身体慢慢往下坠，她看到了十楼以恩爱著称的夫妇正在互殴，她看到了九楼平常坚强的Peter正在偷偷哭泣，八楼的阿妹发现未婚夫跟最好的朋友在床上，七楼的丹丹在吃她的抗忧郁药，六楼失业的阿喜还是每天买7份报纸找工作，五楼受人尊敬的王老师正在偷穿老婆的内衣，四楼的Rose又要和男友闹分手，三楼的阿伯每天盼望有人拜访他，二楼的莉莉还在看她那结婚半年就失踪的老公照片。在她跳下之前，她以为自己是世上最倒霉的人，而此刻她才知道每个人都有不为人知的困境。看完他们之后觉得其实自己过得还不错……可是已经晚了。当她掉在地上时，楼上所有不幸的人同时感慨：原来自己的生活还是美好的，还有人比他们更不幸。

这幅漫画很贴切地展现了我们生活中许多人的想法，我们每每羡慕别人的生活是如何地美好，总觉得自己是最不幸的那一个，而实际上并不是这样的，每个人的生活中是会出现别人所没有的各种各样的困难，就像这个美丽的女子在跳楼时所看到的那样，谁都不是生活的宠儿，只是每个人对待生活的态度不同而已。坚强的人最终尝到了生活的美味，意志薄弱的人最终被生活所淘汰。

所以，我们不要总把眼光局限在自身的坏牌上，实际上，别人手中的牌也并非都是好牌。这样去想，你才能不至于太自卑、太绝望，才能保持必胜的决心，坚强地走下去。

第六章

走自己的路，让别人说去吧

一生必爱一个人——你自己

每个人都不可能完美无缺，只有从内心接受自己，喜欢自己，坦然地展示真实的自己，才能拥有成功快乐的人生。伟大的哲学家伏尔泰曾言:“幸福，是上帝赐予那些心灵自由之人的人生大礼。”这句话足以点醒每一个追求幸福的人：要做幸福的人，你首先要当自己思想、行为的主人。换言之，你只有做自己，做完完全全的自己，你的幸福才会降临！这就是幸福的秘密。

我们都要知道，在这个世界上，你是自己最要好的朋友，你也可以成为自己最大的敌人。在悲喜两极之间的抉择中，你的心灵唯有根植于积极的乐土，你的自信才能在不偏不倚的自爱中获得对人对己的宽宏，达到明辨是非的准确。学会从内心善待自己，你会觉得阳光、鲜花、美景总是离你很近。你平和的心境是滋养自己的优良沃土。

爱自己首先要按自己喜欢的方式去生活。因为我们要想生活得幸福，必须懂得秉持自我，按自我的方式生活。

如果你一味地遵循别人的价值观，想要取悦别人，最后你会发现“众口难调”，每个人的喜好都不一样，失去自我，便是自己人生痛苦的根源。

辛迪·克劳馥，对于中国的中青年人来说，几乎是无人不晓。作为一代名模，她也和许多名模一样，缺乏主见，也几乎和许多名模一样，差点儿沦为有钱人摆弄的花瓶。但她及时意识到了自己的个性弱点，主动调整自己的性格，展示出了自己的独特魅力，牢牢

将命运掌握在自己手中。

辛迪·克劳馥18岁就进入了大学的校门。大学里的辛迪，是一朵盛开在校园的鲜艳花朵，走到哪里，哪里就发出一阵惊呼。那个时候，她身材修长、亭亭玉立，再加上漂亮的脸蛋，匀称修长的腿，实在是美极了。当时，人们对她赞不绝口。的确，她的整体线条已经是那么的流畅，浑然天成；她的鼻子是那么的挺拔，配上深邃的目光、性感的嘴唇，一切就像是天造地设似的。难怪在同学当中她是那么的引人注目。

在这期间，有一个摄影师发现了她，拍了她一些不同侧面的照片，然后挂在他自己的居室墙上。同时，她的照片刊在《住校女生群芳录》中，她的脸、她的相片、她的名字，第一次出现在刊物上。很快，她被推荐去了模特经纪公司。但是一开始，她就碰了壁。这家公司竟说她的形象还不够美。她感到伤心。而令她更感到伤心的是，那个经纪人认为她嘴边的那颗痣必须去掉，如果不去掉，她就没有前途。但她不肯去掉。

成名之后，她回忆起这件事的时候说："小时候，我一点儿都不喜欢那颗黑痣，我的姐妹们都嘲笑它，而别的孩子总说我把巧克力留在嘴角了。那颗痣让我觉得自己和别人不一样。后来，我开始做模特儿，第一家经纪公司要我去掉那颗痣。但母亲对我说，你可以去掉它，但那样会留下疤痕。我听了母亲的话，把它留在脸上。现在，它反而成了我的商标。只有带着它到处走，我才是辛迪·克劳馥。其他人跑来对我说，她们过去讨厌自己脸上的小黑痣，但现在她们却认为那是美丽的。从这个意义上来说，这是件好事，因为人们变得乐于接受属于自己的一切，尽管他们过去并不一定喜欢。"

辛迪·克劳馥的经历告诉我们，你才是你自己的中心，一个人无须刻意追求他人的认可，只要你保持自我本色，按自己的方式生活，生活中没有什么可以压倒你，你可以活得很快乐、很轻松。人应该爱自己的全部，那样你才会感到自身的魅力。一旦你看上去既美丽又自信，就会发现周围的人对你刮目相看了。正如美国歌坛天后麦当娜所说："我的个性很强，充满野心，而且很清楚自己想要什么。就算大家因此觉得我是个不好惹的女人，我也不在乎。"而事实上，并没有人因此而讨厌她，相反，人们更加着迷于她的优美歌声和独特个性。

先爱自己，再爱别人

爱，首先从自己开始，只有学会爱自己，才能学会爱他人、爱世界。爱自己不是一种自私行为，我们这里所说的爱并不是虚荣、贪婪、傲慢、自命不凡，而是一种善待自己，对自己无条件接受的行为。

如果你能够认识到自己是一个有自尊心的综合体，如果你能够注意养生，保持自己的身心健康，那你就已经学会爱自己了。

我们应该懂得，我们有足够的理由爱自己：一是只有自己才是属于自己的；二是只有热爱自己，才能热爱他人，热爱世界。

我们没有蓝天的深邃，但可以有白云的飘逸；我们没有大海的辽阔，但可以有小溪的清澈；我们没有太阳的光耀，但可以有星星的闪烁；我们没有苍鹰的高翔，但可以有小鸟的低飞。每个人都有自己的位置，每个人都能找到自己的位置。我们应该相信：正因为有了千千万万个"我"，世界才变得丰富多彩，生活才变得美好无比。

认认真真爱自己一回吧——这一回是一百年。

著名心理学家雅力逊指出，人要先爱自己才懂得去爱别人。因为只有视自己为有价值、有清晰的自我形象的人，才可以有安全感、有胆量去爱别人。

爱自己，或称自爱，是与自私、以自我为中心不同的一种状态。自私、以自我为中心是一切以私利为重，不但不替别人着想，更可能无视他人利益，为求达到目的不择手段。爱自己，就要会照顾和保护自己、喜欢自己、欣赏自己的长处，同时也要接受自己的短处，从而努力完善自己。

在这种心态之下，我们会学会不少自处之道，更可活学活用于人际关系之中。在接受自己之后，便开始会有容人的雅量；在懂得欣赏自己之后，便会明白如何欣赏别人；在掌握保护自己的方法之后，亦会悟出“防人之心不可无，害人之心不可有”的道理，也许这就是推己及人的真谛。

一个不爱自己的人，是不会明白爱别人以及接纳别人的。因此，一切均得由爱自己开始。心理学家伯纳德博士说：“不爱自己的人崇拜别人，但因为崇拜，会使别人看起来更加伟大而自己则更加渺小。他们羡慕别人，这种羡慕出自内心的不安全感——一种需要被填满的感觉。可是，这种人不会爱别人，因为爱别人就要肯定别人的存在与成长，他们自己都没有的东西，当然也不可能给予别人。”

每个人都有缺点，要想与人建立良好的人际关系，就必须首先接受并不完美的自己。谁都不可能十全十美，所以我们必须正视自己、接受自己、肯定自己、欣赏自己。

一个人如果不爱自己，当别人对他表示友善时，他会认为对方必定是有求于自己，或是对方一定也不怎么样，才会想要和自己为伍。这种人会不断地批评自己，从而使别人感到他有问题而尽量避开他；这种人越是害怕别人了解自己就会越不喜欢自己，所以在别人还没有拒绝之前，其潜意识里就会先破坏别人的好感。总之，不爱自己会导致各种问题的发生。当一个人觉得自己很差劲时，周围的人也会跟着遭殃。

因此，在开始爱别人之前，必须先爱自己。世界就像一面镜子，人与人之间的问题大多是我们与自己之间问题的折射。因此，我们不需要去努力改变别人，只要适当转变一下自己的思想，人际关系就会有所改善。

不必完美，可以完善

每个人都有自己的缺点和不足，如果一味地抓住不放，就只能生活在自卑的愁云里。王璇就是这样，本来是一个活泼开朗的女孩，竟然被自卑折磨得一塌糊涂。

王璇毕业于某著名语言大学，在一家大型的日本企业上班。大学期间的王璇是一个十分自信、从容的女孩。她的学习成绩在班级里名列前茅，是男孩们追逐的焦点。然而，最近王璇的大学同学惊讶地发现，王璇变了，原先活泼可爱的她像换了一个人似的，不但变得羞羞答答，甚至其行为也变得畏首畏尾，而且说起话来、干起事来都显得特别不自信，和大学时判若两人。每天上班前，她会为了穿衣打扮花上整整两个小时的时间。

为此她不惜早起，少睡两个小时。她之所以这么做，是怕自己打扮不好，遭到同事或上司的取笑。在工作中，她更是战战兢兢、小心翼翼，甚至到了谨小慎微的地步。

原来到日本公司上班后，王璇发现日本人的服饰及举止显得十

分高贵及严肃，让她觉得自己土气十足，上不了台面。于是她对自己的服装及饰物产生了深深的厌恶。第二天，她就跑到商场去了。可是，由于还没有发工资，她买不起那些名牌服装，只能悻悻地回来了。在公司的第一个月，王璇是低着头度过的。她不敢抬头看别人穿的名牌服饰，因为一看，她就会觉得自己穷酸。那些日本女人或早于她进入这家公司的中国女人大多穿着一流的品牌服饰，而自己呢，竟然还是一副穷学生样。每当这样比较时，她便感到无地自容，她觉得自己就是混入天鹅群里的丑小鸭，心里充满了自卑。

服饰还是小事，令王璇更觉得抬不起头来的是她的同事们平时用的香水都是洋货。她们所到之处，处处清香飘逸，而王璇自己用的却是廉价的香水。女人与女人之间，聊起来无非是生活上的琐碎小事，内容无非是衣服、化妆品、首饰，等等。而关于这些，王璇几乎什么话题都没有。这样，她在同事中间就显得十分孤立，缺少人缘。

在工作中，王璇也觉得很不如意。由于刚踏入工作岗位，工作效率不是很高，不能及时完成上司交给的任务，有时难免受到批评，这让王璇更加拘束和不安，甚至开始怀疑自己的能力。

此外，王璇刚进公司的时候，她还要负责做清洁工作。看着同事们悠然自得的样子，她就觉得自己与清洁工无异，这更加深了她的自卑感……

像王璇这样的自卑者，总是一味地轻视自己，总感到自己这也不行，那也不行，什么也比不上别人。怕正面接触别人的优点，回避自己的弱项，这种情绪一旦占据心头，就会使自己对什么都提不起精神，犹豫、忧郁、烦恼、焦虑也便纷至沓来。

每一个事物、每一个人都有其优势，都有其存在的价值。劣势是在所难免的，可是当我们看到它的时候，只要用心去改正和调整，就可以了，没必要总是抓着它不放，既影响自己的心情，又阻碍未来的发展。

接纳自己是对自己的一种尊重

每个人都应乐于接受自己，既接受自己的优点，也接受自己的缺点。但事实是，绝大部分人对自己都持有双重的看法，他们给自己画了两张截然不同的画像，一张是表现其优秀品质的，没有任何阴影；另一张全是缺点，画面阴暗沉重，令人窒息。

我们不能将这两幅画像隔离开来，片面地看待自己，而是需要将其放到一起综合考察，最后合二为一。我们在踌躇满志时，往往忽视自己内心的愧疚、仇恨和羞辱；在垂头丧气时，却又不敢相信自己拥有的优点和取得的成绩。我们应该画出自己的新画像，我们应该实事求是地接受自己、了解自己，我们所做的一切都不是十全十美的。很多人常常过分严格地要求自己，凡事都希望做得完美无缺，这是不现实的想法。我们每个人都是综合体，在我们身上都有批评家和勇士的某些性格特征。有时候我们希望支配他人、算计别人，快意于别人的痛苦，但我们有足够的能力使这些恶劣品性服从于我们人格中善良的一面。

纽约的一名精神病医生遇到过这样一个病人，他酒精中毒，已经治疗了两年。有一次，这个病人来看医生，要求进行心理治疗。病人告诉医生说，前两天他被解雇了。当心理治疗完毕后，病人说："大夫，如果这件事发生在一年前，我是承受不住的。我想自己本来可以做得更好，避免这类事情的发生，但却未能做到，为此

我会去酗酒。说实话，昨天晚上我还这么想呢。但现在我明白了，事情既然已经发生了，就该正视它，坦然地接受它。失败就像成功一样，是人生中难得的经历，它是我们人生中不可避免的一部分。”

如果我们都能像这位病人一样，坦然接受生活的全部，那么我们就能够正确地看待各种不良的心境。沮丧、残酷、执拗，这些都只是暂时的现象，是人的多种情感之一。有些人要求自己完美无缺，有这种想法的人往往极其脆弱，他们常常会因为对自己过分苛刻而感到绝望。每个人的性格中都有引起失败的因素，也有导致成功的因素。我们应有自知之明，把这两个方面都看作是人性的固有成分，接受它们，进而努力发挥人性中的优点。

有些人因为自己有时候具有消极的破坏性情感，就以为自己是邪恶的，于是一蹶不振，自暴自弃，这很让人惋惜。我们应该明白，少许的性格缺点并不能说明我们就是不受欢迎的人。

恩莫德·巴尔克曾说过：“以少数几个不受欢迎的人为例来看待一个种族，这种以偏概全的做法是极其危险的。”我们对自己、对别人具有攻击性，怀有仇恨，这些情感是人性的一部分，我们不必因此就厌恶自己，觉得自己就像社会的弃儿一般。意识到这一点，我们就能在精神上获得超脱和自由。

每个人都不是“一无是处”

有一天，大仲马得知自己的儿子小仲马寄出的稿子总是碰壁，就告诉小仲马：“如果你能在寄稿时，随稿给编辑先生附上一封短信，说‘我是大仲马的儿子’，或许情况就会好多了。”小仲马断然拒绝了父亲的建议，他说：“不，我不想坐在你的肩头上摘苹果，那样摘来的苹果没味道。”年轻的小仲马不但拒绝以父亲的盛名做自己事业的敲门砖，而且不露声色地给自己取了十几个其他姓氏的笔名，以避免那些编辑先生们把他和大名鼎鼎的父亲联系起来。

面对那些冷酷无情的退稿笺，小仲马没有沮丧，仍然坚持创作自己的作品。他的长篇小说《茶花女》寄出后，终于以其绝妙的构思和精彩的文笔震撼了一位资深编辑。这位知名编辑曾和大仲马有着多年的书信来往。他看到寄稿人的地址同大作家大仲马的丝毫不差，便怀疑是大仲马另取的笔名，但作品的风格却和大仲马的截然不同。带着这种兴奋和疑问，他迫不及待地乘车造访大仲马家。令他大吃一惊的是，《茶花女》这部伟大作品的作者竟是大仲马名不见经传的年轻儿子小仲马。“您为何不在稿子上署上您的真实姓名呢？”老编辑疑惑地问小仲马。小仲马说：“我只想拥有真实的高度。”老编辑对小仲马的做法赞叹不已。

《茶花女》出版后，法国文坛书评家一致认为这部作品的价值大大超越了大仲马的代表作《基督山伯爵》，小仲马一时声名鹊起。不借助父亲的名气，小仲马走出了属于他自己的人生之路。

的确，我们谁都能开垦出属于自己的那块乐土，关键是要相信自己。其实，大仲马在成名前，也同样有过人生的尴尬。

成名前的大仲马穷困潦倒。有一次，大仲马跑到巴黎去拜访父亲的一位朋友，请他帮忙找个工作。父亲的朋友问他：“你能做什么？”“没有什么了不得的本事，老伯。”“数学精通吗？”“不行。”“你懂得物理吗？或者历史？”“什么都不知道，老伯。”“会计呢？法律如何？”大仲马满脸通红，第一次知道自己太不行了，便说：“我真惭愧，现在我一定要努力补救我的这些不行。我相信不久之后，我一定会给老伯一个满意的答复。”父亲的朋友对他说：

“可是，你要生活啊。将你的地址留在这张纸上吧。”大仲马无可奈何地写下了他的住址。父亲的朋友叫道：“你终究有一样长处，你的名字写得很好呀！”大仲马在成名前，也曾有过认为自己一无是处的时候。然而，他父亲的朋友却发现了他的一个看似并不是什么优点的优点——把名字写得很好。

把名字写得很好，也许你对此不屑一顾：这算什么！然而，不管这个优点有多么“小”，它毕竟是个优点。你可以以此为基地，扩大你的优点范围。名字能写好，字也就能写好；字能写好，文章为什么就不能写好？

我们每一个人，特别是不自信的人，切不可把优点的标准定得太高，而对自身的优点视而不见。不要死盯着自己学习不好、没钱、相貌不佳等不足的一面，而应当看到自己身体好、会唱歌、字写得好等不被外人和自己发现或承认的优点。

所以，一定要记得自己并不是一无是处，人人都有闪光点，千万不要一味地计较自己的无能。在这个世界上，每个人都潜藏着独特的天赋，这种天赋就像金矿一样埋藏在我们平淡无奇的生命中。那些总在羡慕别人而认为自己一无是处的人，是永远挖掘不到自身的金矿的。

别太在意别人的眼光，那会抹杀你的光彩

在这个世界上，没有任何一个人可以让所有人都满意。跟着他人的眼光来去的人，会逐渐黯淡自己的光彩。

西莉亚自幼学习艺术体操，她身段匀称灵活。可是很不幸，一次意外事故导致她下肢严重受伤，一条腿留下后遗症，走路有一点

跛。为此，她十分沮丧，甚至不敢走上街去。作为一种逃避，西莉亚搬到了约克郡乡下。

一天，小镇上的雷诺兹老师领着一个女孩来向西莉亚学跳苏格兰舞。在他们诚恳的请求下，西莉亚勉为其难地答应了。为了不让他们察觉自己残疾的腿，西莉亚特意提早坐在一把藤椅上。可那个女孩偏偏天生笨拙，连起码的乐感和节奏感都没有。当那个女孩再一次跳错时，西莉亚不由自主地站起来给对方示范。西莉亚一转身，便敏感地看见那个女孩正盯着自己的腿，一副惊讶的神情。她忽然意识到，自己一直刻意掩盖的残疾在刚才的瞬间已暴露无遗。这时，一种自卑让她无端地恼怒起来，对那个女孩说了一些难听的话。西莉亚的行为伤害了女孩的自尊心，女孩难过地跑开了。

事后，西莉亚深感歉疚。过了两天，西莉亚亲自来到学校，和雷诺兹老师一起等候那个女孩。西莉亚对那个女孩说："如果把你训练成一名专业舞者恐怕不容易，但我保证，你一定会成为一个不错的领舞者。"这一次，他们就在学校操场上跳，有不少学生好奇地围观。那个女孩笨手笨脚的舞姿不时招来同学的嘲笑，她满脸通红，不断犯错，每跳一步，都如芒刺在背。

西莉亚看在眼里，深深理解那种无奈的自卑感。她走过去，轻声对那个女孩说："假如一个舞者只盯着自己的脚，就无法享受跳舞的快乐，而且别人也会跟着注意你的脚，发现你的错误。现在你抬起头，面带微笑地跳完这支舞曲，别管步伐是不是错。"

说完，西莉亚和那个女孩面对面站好，朝雷诺兹老师示意了一下。悠扬的手风琴音乐响起，她们踏着拍子，欢快起舞。其实那个女孩的步伐还有些错误，而且动作不是很和谐。但意外的效果出现了——那些旁观的学生被她们脸上的微笑所感染，而不再关注舞蹈细节上的错误。后来，有越来越多的学生情不自禁地加入到舞蹈

中。大家尽情地跳啊跳啊，直到太阳下山。

生活在别人的眼光里，就会找不到自己的路。其实，每个人的眼光都有不同。面对不同的几何图形，有人看出了圆的光滑无棱，有人看出了三角形的直线组成，有人看出了半圆的方圆兼济，有人看出了不对称图形特有的美……同是一个甜麦圈，悲观者看见一个空洞，乐观者却品尝到它的味道。同是交战赤壁，苏轼高歌“雄姿英发，羽扇纶巾，谈笑间樯橹灰飞烟灭”；杜牧却低吟“东风不与周郎便，铜雀春深锁二乔”。同是“谁解其中味”的《红楼梦》，有人听到了封建制度的丧钟，有人看见了宝黛的深情，有人悟到了曹雪芹的用心良苦，也有人只津津乐道于故事本身……

人生是一个多棱镜，总是以它变幻莫测的每一面反照生活中的每一个人。不必介意别人的流言蜚语，不必担心自我思维的偏差，坚信自己的眼睛、坚信自己的判断、执着自我的感悟，用敏锐的视线去审视这个世界，用心去聆听、抚摸这个多彩的人生，给自己一个富有个性的回答。

自己的人生无须浪费在别人的标准中

童话里的红舞鞋，漂亮、妖艳而充满诱惑，一旦穿上，便再也脱不下来。我们疯狂地转动舞步，一刻也停不下来，尽管内心充满疲惫和厌倦，脸上还得挂出幸福的微笑。当我们在众人的喝彩声中终于以一个优美的姿势为人生画上句号时，才发觉这一路的风光和掌声，带来的竟然只是说不出的空虚和疲惫。

人生来时双手空空，却要让其双拳紧握；而等到人死去时，却要让其双手摊开，偏不让其带走财富和名声……明白了这个道理，人就会对许多东西看淡。幸福的生活完全取决于自己内心的简约而不在于你拥有多少外在的财富。

18世纪法国有个哲学家叫戴维斯。有一天，朋友送他一件质地精良、做工考究、图案高雅的酒红色睡袍，戴维斯非常喜欢。可他穿着华贵的睡袍在家里踱来踱去，越踱越觉得家具不是破旧不堪，就是风格不对，地毯的针脚也粗得吓人。慢慢地，旧物件挨个儿更新，书房终于跟上了睡袍的档次。戴维斯穿着睡袍坐在帝王气十足的书房里，可他却觉得很不舒服，因为自己居然被一件睡袍胁迫了。

戴维斯被一件睡袍胁迫了，生活中的大多数人则是被过多的物质和外在的成功胁迫着。很多情况下，我们受内心深处支配欲和征服欲的驱使，自尊和虚荣不断膨胀，着了魔一般去同别人攀比，谁买了一双名牌皮鞋，谁添置了一套高档音响，谁交了一位漂亮女友，这些都会触动我们敏感的神经。一番折腾下来，尽管钱赚了不少，也终于博得别人羡慕的眼光，但除了在公众场合拥有一两点流光溢彩的光鲜和热闹以外，我们过得其实并没有别人想象得那么好。

男人爱车，女人爱别人说自己的好。一定意义上来说，人都是爱慕虚荣的，不管自己究竟幸福不幸福，常常为了让别人觉得很幸福就很满足，人往往忽视了自己内心真正想要的是什么，而是常常被外在的事情所左右，别人的生活实际上与你无关，不论别人幸福与否都与你无关，而你将自己的幸福建立在与别人比较的基础之上，或者建立在了别人的眼光中。幸福不是别人说出来的，而是自己感受的，人活着不是为别人，更多的是为自己而活。

《左邻右舍》中提到这样一个故事：说是男主人公的老婆看到

邻居小马家卖了旧房子在闹市区买了新房，他的老婆就眼红了，非要也在闹市选房子，并且偏偏要和小马住同一栋楼，而且要一定选比小马家房子大的那套，当邻居问起的时候，她会很自豪地说："不大，一百多平方米，只比304室小马家大那么一点！"气得小马老婆灰头土脸的。过了几天，小马的老婆开始逼小马和她一起减肥，说是减肥之后，他们家的房子实际面积一定不会比男主人公家的小，男主人公又开始担心自己的老婆知道后会不会让他们一起减肥！

这个故事自己看起来虽然很好笑，但是却时常在我们的生活中发生，人将自己生活沉浸在了一个不断与人比较的困境中，被自己生活之外的东西所左右，岂不是很可悲？

一个人活在别人的标准和眼光之中是一种痛苦，更是一种悲哀。人生本就短暂，真正属于自己的快乐更是不多，为什么不能为了自己而完完全全、真真实实地活一次？为什么不能让自己脱离总是建立在别人基础上的参照系？如果我们把追求外在的成功或者"过得比别人好"作为人生的终极目标的时候，就会陷入物质欲望为我们设下的圈套而不能自拔。

你不可能让每个人都满意

世界一样，但人的眼光各有不同，做人不必去花大量的心思去让每个人都满意，因为这个要求基本上是不可能达到的，如果一味地追求别人的满意，不仅自己累心，还会在生活和工作失去了自己！

生活中我们常常因为别人的不满意而烦恼不已，我们费尽了心思去让更多的人对自己满意，我们小心翼翼地生活，唯恐别人不满意，但即便是这样还会有人不满意，所以我们为此又开始伤神，很多时候，我们忙活工作或者生活其实花不了太多的时间，而只是我们将大量的时间都花在了处理如何达到别人满意的这些事情上，所以身体累，心也累。

有这样一个故事：

一个农夫和他的儿子，赶着一头驴到邻村的市场去卖。没走多远就看见一群姑娘在路边谈笑。一个姑娘大声说："嘿，快瞧，你们见过这种傻瓜吗？有驴子不骑，宁愿自己走路。"农夫听到这话，立刻让儿子骑上驴，自己高兴地在后面跟着走。

不久，他们遇见一群老人正在激烈地争执："喏，你们看见了吗，如今的老人真是可怜。看那个懒惰的孩子自己骑着驴，却让年老的父亲在地上走。"农夫听见这话，连忙叫儿子下来，自己骑上去。

没过多久又遇上一群妇女和孩子，几个妇女七嘴八舌地喊着："嘿，你这个狠心的老家伙！怎么能自己骑着驴，让可怜的孩子跟着走呢？"农夫立刻叫儿子上来，和他一同骑在驴的背上。

快到市场时，一个城里人大叫道："哟，瞧这驴多惨啊，竟然驮着两个人，它是你们自己的驴吗？"另一个人插嘴说："哦，谁能想到你们这么骑驴，依我看，不如你们两个驮着它走吧。"农夫和儿子急忙跳下来，他们用绳子捆上驴的腿，找了一根棍子把驴抬了起来。

他们卖力地想把驴抬过闹市入口的小桥时，又引起了桥头上一群人的哄笑。驴子受了惊吓，挣脱了捆绑撒腿就跑，不想却失足落入河中。农夫只好既恼怒又羞愧地空手而归了。

笑话中农夫的行为十分可笑，不过，这种任由别人支配自己行

为的事并非只在笑话里出现。现实生活中，很多人在处理类似事情时就像笑话里的农夫，人家叫他怎么做，他就怎么做，谁抗议，就听谁的。结果只会让大家都有意见，且都不满意。

谁都希望自己在这个社会如鱼得水，但我们不可能让每一个人满意，不可能让每一个人都对我们展露笑容。通常的情况是，你以为自己照顾到了每一个人的感受，可还是有人对你不满，甚至根本不领情。每个人的利益是不一致的，每个人的立场，每个人的主观感受是不同的，所以我们想面面俱到，不得罪任何人，又想讨好每一个人，那是绝对不可能的！

做人无须在意太多，不必去让每个人满意，凡事只要尽心，按照事情本来的面目去做就好，简简单单地过好自己生活就行，否则就会像故事中的农夫一样，费尽周折，结果还搞得谁都不满意。

不去和谁比较，只需做好自己

古语说："以铜为镜，可以正衣冠；以人为镜，可以明得失。"意思是说，每个人都是一面镜子，我们可以从别人身上发现自己，认识自己。然而，如果一个人总是拿别人当镜子，那么那个真实的自我就会逐渐迷失，难以发现自己的独特之处。

有这样一则寓言：有两只猫在屋顶上玩耍。一不小心，一只猫抱着另一只猫掉到了烟囱里。当两只猫同时从烟囱里爬出来的时候，一只猫的脸上沾满了黑烟，而另一只猫脸上却是干干净净。干净的猫看到满脸黑灰的猫，以为自己的脸也又脏又丑，便快步跑到河边，使劲地洗脸；而满脸黑灰的猫看见干净的猫，以为自己也是干干净净，就大摇大摆地走到街上，出尽洋相。故事中的那两只猫实在可笑。它们都把对方的形象当成了自己的模样，其结果是无端的紧张和可笑的出丑。他们的可笑在于没有认真地观察自己是否弄脏，而是急着看对方，把对方当成了自己的镜子。同样道理，不论是自满的人还是自卑的人，他们的问题都在于没有了解自己，没有形成对自身的清晰而准确的认识。

每个人都有自己的生活方式与态度，都有自己的评价标准，你可以参照别人的方式、方法、态度来确定自己采取的行动，但千万不能总拿别人当镜子。总拿别人做镜子，傻子会以为自己是天才，天才也许会把自己照成傻瓜。

乌比·戈德堡成长于环境复杂的纽约市切尔西劳工区。当时正是“嬉皮士”时代，她经常模仿着流行，身穿大喇叭裤，头顶阿福柔犬蓬蓬头，脸上涂满五颜六色的彩妆。为此，她常遭到住家附近人们的批评和议论。

一天晚上，乌比·戈德堡跟邻居友人约好一起去看电影。时间到了，她依然身穿扯烂的吊带裤，一件绑染衬衫，还有那一头阿福柔犬蓬蓬头。当她出现在她朋友面前时，朋友看了她一眼，然后说:“你应该换一套衣服。”

“为什么？”她很困惑。

“你扮成这个样子，我才不要跟你出门。”

她怔住了:“要换你换。”

于是朋友转身就走了。

当她跟朋友说话时，她的母亲正好站在一旁。朋友走后，母亲走向她，对她说:“你可以去换一套衣服，然后变得跟其他人一样。但你如果不想这么做，而且坚强到可以承受外界嘲笑，那就坚持你的想法。不过，你必须知道，你会因此引来批评，你的情况会很糟糕，因为与大众不同本来就不容易。”

乌比·戈德堡受到极大震撼。她忽然明白，当自己探索一条可以说是“另类”存在方式时，没有人会给予鼓励和支持，哪怕只是一种理解。当她的朋友说“你得去换一套衣服”时，她的确陷入两难抉择：倘若今天为了朋友换衣服，日后还得为多少人换多少次衣服？她明白母亲已经看出她的决心，看出了女儿在向这类强大的同化压力说“不”，看出了女儿不愿为别人改变自己。

人们总喜欢评判一个人的外形，却不重视其内在。要想成为一个独立的个体，就要坚强到能承受这些批评。乌比·戈德堡的母亲的确是位伟大的母亲，她懂得告诉她的孩子一个处世的根本道理——拒绝改变并没有错，但是拒绝与大众一致也是一条漫长的路。

乌比·戈德堡这一生始终都未摆脱“与众一致”的议题。她主演的《修女也疯狂》是一部经典影片，而其扮演的修女就是一个很另类的形象。当她成名后，也总听到人们说：“她在这些场合为什么不穿高跟鞋，反而要穿红黄相间的快跑运动鞋？她为什么不穿洋装？她为什么跟我们不一样？”可是到头来，人们最终还是接受了她的影响，学着她的样子绑细辫子头，因为她是那么与众不同，那么魅力四射。

每个人都有自己的路

脸庞因为笑容而美丽，生命因为希望而精彩，倘若说笑容是对他人的布施，那么希望则是对自己的仁慈。

圣严法师幼时家贫，甚至穷到连饭也吃不饱，但是几十年风风雨雨，他始终对生活充满希望。人生来平等，但所处的环境未必相同。所以，不管自己处于怎样的起点，都应该一如既往地对生活抱以热情的微笑。

法师教诲:“大雨天，你说雨总会停的；大风天，你说风总是会转向的；天黑了，你说明天依然会天亮的！这就是心中有希望，有希望就有平安，就有未来。”

圣严法师小时候，有一次与父亲在河边散步，河面上有一群鸭子，游来游去，自由畅快。他站在岸边，非常羡慕地看着这群与自己水中倒影嬉戏的鸭子。

父亲停下脚步，问道:“你从中看到了什么？”

面对父亲的询问，他心中一动，却也不知道如何表达自己的想法。

父亲说:“大鸭游出大路，小鸭游出小路，就像是它们一样，每个人都有自己的路可以走。”

每个人都有自己的路，即使起点不同、出身不同、家境不同、遭遇不同，也可以抵达同样的顶峰，不过这个过程可能会有所差异，有的人走得轻松，有的人一路崎岖，但不论如何，艳阳高照也好，风雨兼程也罢，只要怀揣着抵达终点的希望，每个人都可以获得自己的精彩。

在一个偏僻遥远的山谷里的断崖上，不知何时，长出了一株小小的百合。它刚诞生的时候，长得和野草一模一样，但是，它心里知道自己并不是一株野草。它的内心深处，有一个纯洁的念头:“我是一株百合，不是一株野草。唯一能证明我是百合的方法，就是开出美丽的花朵。”它努力地吸收水分和阳光，深深地扎根，直直地挺着胸膛，对附近的杂草置之不理。

在野草和蜂蝶的鄙夷下，百合努力地释放内心的能量。百合

说：“我要开花，是因为知道自己有美丽的花；我要开花，是为了完成作为一株花的庄严使命；我要开花，是由于自己喜欢以花来证明自己的存在。不管你们怎样看我，我都要开花！”

终于，它开花了。它那灵性的白和秀挺的风姿，成为断崖上最美丽的风景。年年春天，百合努力地开花、结籽，最后，这里被称为“百合谷地”。因为这里到处是洁白的百合。

暂时的落后一点都不可怕，自卑的心理才是最可怕的。人生的不如意、挫折、失败对人是一种考验，是一种学习，是一种财富。我们要牢记“勤能补拙”，既能正确认识自己的不足，又能放下包袱，以最大的决心和最顽强的毅力克服这些不足，弥补这些缺陷。

人的缺陷不是不能改变，而是看你愿不愿意改变。只要下定决心，讲究方法，就可以弥补自己的不足。在不断前进的人生中，凡是看得见未来的人，都能掌握现在，因为明天的方向他已经规划好了，知道自己的人生将走向何方。留住心中的希望种子，相信自己会有一个无可限量的未来，心存希望，任何艰难都不会成为我们的阻碍。只要怀抱希望，生命自然会充满激情与活力。

你就是你，没有人可以取代

有人认为，这个世界上，少了自己就如同少了一只蚂蚁，没有分量的自己，又有什么重要？但是，作为独一无二的“我”，真的不重要吗？不，绝不是这样，“我”很重要。

当我们对自己说出“我很重要”这句话的时候，“我”的心灵一下子充盈了。是的，“我”很重要。

“我”是由无数星辰日月草木山川的精华汇聚而成的。只要计算一下我们一生吃进去多少谷物，饮下了多少清水，才凝聚成这么一具美轮美奂的躯体，我们一定会为那数字的庞大而惊讶。世界付出了这么多才塑造了这么一个“我”，难道“我”不重要吗？

你所做的事，别人不一定做得来；而且，你之所以为你，必定是有一些相当特殊的地方——我们姑且称之为特质吧！而这些特质又是别人无法模仿的。

既然别人无法完全模仿你，也不一定做得来你能做得了的事，试想，他们怎么可能给你更好的意见？他们又怎能取代你的位置，来替你做些什么呢？所以，这时你不相信自己，又有谁可以相信？

况且，每个来到这个世上的人，都是上帝赐给人类的恩宠，上帝造人时即已赋予了每个人与众不同的特质，所以每个人都会以独特的方式来与他人互动，进而感动别人。要是你不相信的话，不妨想想：有谁的基因会和你完全相同？有谁的个性会和你一毫不差？

由此，我们相信：你有权活在这世上，而你存在于这世上的目的，是别人无法取代的。

记住！你有权利去相信自己很重要。

“我很重要。没有人能替代我，就像我不能替代别人。我很重要。”

生活就是这样的，无论是有意还是无意，我们都要发挥出对自己的信心。不要总是拿自己的短处去对比人家的长处，却忽视了自己也有人所不及的地方。自卑是心灵的腐蚀剂，自信却是心灵的发电机。所以我们无论身处何境，都不要让自卑的冰雪侵占心灵，而应燃烧自信的火炬，始终相信自己是最优秀的，这样才能调动生命的潜能，去创造无限美好的生活。

也许我们的地位卑微，也许我们的身份渺小，但这丝毫不意味着我们不重要。重要并不是伟大的同义词，它是心灵对生命的允

诺。人们常常从成就事业的角度，断定自己是否重要。但这并不应该成为标准，只要我们在时刻努力着，为光明在奋斗着，我们就是无比重要地存在着，不可替代地存在着。

让我们昂起头，对着我们这颗美丽的星球上无数的生灵，响亮地宣布：我很重要。

面对这么重要的自己，我们有什么理由不去爱自己呢！

走自己的路，让别人说去吧

哲人们常把人生比作路，是路，就注定有崎岖不平。1929 年，美国芝加哥发生了一件震动全美教育界的大事。

几年前，一个年轻人半工半读地从耶鲁大学毕业。曾做过作家、伐木工人、家庭教师和卖成衣的售货员。现在，只经过了 8 年，他就被任命为全美国第四大名校——芝加哥大学的校长，他就是罗勃·郝金斯。他只有 30 岁，真叫人难以置信。

人们对他的批评就像山崩落石一样一齐打在这位“神童”的头上，说他这样，说他那样——太年轻了，经验不够——说他的教育观念很不成熟，甚至各大报纸也参加了攻击。

在罗勃·郝金斯就任的那一天，有一个朋友对他的父亲说：“今天早上，我看见报上的社论攻击你的儿子，真把我吓坏了。”

“不错，”郝金斯的父亲回答说，“话说得很凶。可是请记住，从来没有人会踢一只死狗。”确实如此，越勇猛的狗，人们踢起来就越有成就感。

曾有一个美国人，被人骂作“伪君子”“骗子”“比谋杀犯好不了多少”……你猜是谁？一幅刊在报纸上的漫画把他画成伏在断头台上，一把大刀正要切下他的脑袋，街上的人群都在嘘他。他是谁？他是乔治·华盛顿。

耶鲁大学的前校长德怀特曾说：“如果此人当选美国总统，我们的国家将会合法卖淫，行为可鄙，是非不分，不再敬天爱人。”听起来这似乎是在骂希特勒吧？可是他谩骂的对象竟是杰弗逊总统，就是撰写《独立宣言》、被赞美为民主先驱的杰弗逊总统。

可见，没有谁的路永远是一马平川的。为他人所左右而失去自己方向的人，他将无法抵达属于自己的幸福所在。真正成功的人生，不在于成就的大小，而在于是否努力地去实现自我，喊出属于自己的声音，走出属于自己的道路。

一名中文系的学生苦心撰写了一篇小说，请作家批评。因为作家正患眼疾，学生便将作品读给作家。读到最后一个字，学生停顿下来。作家问道：“结束了吗？”听语气似乎意犹未尽，渴望下文。这一追问，煽起学生的激情，立刻灵感喷发，马上接续道：“没有啊，下部分更精彩。”他以自己都难以置信的构思叙述下去。

到达一个段落，作家又似乎难以割舍地问：“结束了吗？”

小说一定摄魂勾魄，叫人欲罢不能！学生更兴奋，更激昂，更富于创作激情。他不可遏止地一而再再而三地接续、接续……最后，电话铃声骤然响起，打断了学生的思绪。

电话找作家，急事。作家匆匆准备出门。“那么，没读完的小说呢？”“其实你的小说早该收笔，在我第一次询问你是否结束的时候，就应该结束。何必画蛇添足、狗尾续貂？该停则止，看来，你还没把握情节脉络，尤其是，缺少决断。决断是当作家的根本，否则绵延逶迤，拖泥带水，如何打动读者？”

学生追悔莫及，自认性格过于受外界左右，作品难以把握，恐

不是当作家的料。

很久以后，这名年轻人遇到另一位作家，羞愧地谈及往事，谁知作家惊呼：“你的反应如此迅捷、思维如此敏锐、编造故事的能力如此强盛，这些正是成为作家的天赋呀！假如正确运用，作品一定脱颖而出。”“横看成岭侧成峰，远近高低各不同。”

凡事绝难有统一定论，谁的“意见”都可以参考，但永不可代替自己的“主见”，不要被他人的论断束缚了自己前进的步伐。追随你的热情、你的心灵，它将带你实现梦想。

遇事没有主见的人，就像墙头草，东风东倒，西风西倒，没有自己的原则和立场，不知道自己能干什么，会干什么，自然与成功无缘。

走自己的路，让别人去说吧。

机会不是等来的，要靠自己争取

俗话说：“酒香不怕巷子深。”这话只适合过去，如今是酒香也怕巷子深。一个人无论才能如何出众，如果不善于把握，那他就得不到伯乐的青睐。所以人的才能需要自我表现，而且自我表现时必须主动、大胆。如果你自己不去主动地表现，或者不敢大胆地表现自己，你的才能就永远不会被别人知道。在电影《飘》中扮演女主角郝斯佳的费雯·丽，在出演该片前只是一位名不见经传的小演员。她之所以能够因此而一举成名，就是因为大胆地抓住了自我表现的良好机遇。

当《飘》已经开拍时，女主角的人选还没有最后确定。毕业于英国皇家戏剧学院的费雯·丽当即决定争取出演郝斯佳这一十分诱人的角色。

可是，此时的费雯·丽还默默无闻，没有什么名气。怎样才能让导演知道我就是郝斯佳的最佳人选呢？这个问题成为她思考解决的一大关键。

经过一番深思熟虑后，费雯·丽决定毛遂自荐，方法是自我表现。一天晚上，刚拍完《飘》的外景，制片人大卫又愁眉不展了。突然，他看见一男一女走上楼梯，男的他认识，那女的是谁呢？只见她一手扶着男主角的扮演者，一手按住帽子，居然把自己扮成了郝斯佳的形象。

大卫正在纳闷儿时，突然听见男主角大喊一声："喂！请看郝斯佳！"大卫一下子惊住了："天呀！真是踏破铁鞋无觅处，得来全不费工夫。这不就是活脱脱的郝斯佳吗？！"

费雯·丽被选中了。

毋庸置疑，你的表现得到认可之时，就是机遇来临之日。请你务必记住一点：知道和了解你才能的人越多，为你提供的机遇也就会越多。

当然，很多人或许不会像费雯·丽那样仅靠一次表现就一举获得成功。所以，我们必须有耐心和恒心，多表现自己几次。在一个人面前表现不行，就在更多的人面前表现；在一个地方表现无效，就在其他地方进行表现。当你表现多了，被发现、被赏识的可能性就会大大增加。

汉代名士东方朔，诙谐多智。他刚入长安时，向汉武帝上书，竟用了三千片木椟，公车令派两个人去抬，才勉强能抬起来。汉武帝用了两个月才把它读完。这在当时也堪称是"吉尼斯世界之最"了。在奏章中，东方朔自许甚高，称："臣年一十二，长九尺三寸，

目若悬珠，齿如编贝，勇若孟贲，捷若庆忌，廉若鲍叔，信若尾生。若此，可以为天子大臣矣。”皇帝果然为此打动，但转念一想，又觉言过其实，始终未予重用。

东方朔并不死心，另辟蹊径。当时，与东方朔并列为郎的侍臣中，有不少是侏儒。东方朔就吓唬他们，说皇帝嫌他们没用，要全部杀死他们。侏儒们吓坏了，诉于皇帝，皇帝便诏问东方朔为何要吓唬他们。东方朔说：“那些侏儒长得不过三尺，俸禄是一口袋米，二百四十个铜钱。我东方朔身长九尺有余，俸禄也是一口袋米，二百四十个铜钱。侏儒饱得要死，我却饿得要死。陛下要觉得我有用，请在待遇上有所差别；如果不想用我，可罢免我，那我也用不着在长安城要饭吃了。”皇帝听了大笑，因此让他待诏金马门（即古代官署的大门），比以前亲近了许多。

有时候，沉默谦逊确实是一种“此时无声胜有声”的制胜利器，但无论如何你也不要处处把它当作金科玉律来信奉。在种种竞争中，你要将沉默、踏实、肯干、谦逊的美德和善于“秀”自己结合起来，才能更好地让别人赏识你。

你无法主宰世界，但你可以选择人生

有些人，在智商方面可能并没有什么超常的地方，但他们总有某个特质是超出常人的。这种时候，只有使这些能让自己成就大事的特质得到充分的发挥，人才有可能成功。

每个人在给自己定位或者确定方向的时候，总会受到外界这样或者那样的影响，其中包括父母长辈的期望。在这种情况之下，一个人就容易受外在事物的影响，不遵从自身特质的指引，走上一条受他人影响，甚至由别人指定的道路。

这对于任何人而言都是一种悲哀。每个人遇到这种情况时，都应该坚持，坚持自己的特质。

诺贝尔物理学奖获得者杰拉德斯·图夫特的成长经历在杰出人士这一群体中就很具有代表性。

当杰拉德斯·图夫特还是一个8岁的小男孩时，一位老师问他：“你长大之后想成为怎样的人？”他回答：“我想成为一个无所不知的人，想探索自然界所有的奥秘。”图夫特的父亲是一位工程师，因此想让他也成为一名工程师，但是他没有听从。“因为我的父亲关注的事情是别人已经发明的东西，我很想有自己的发现，做出自己的发明。我想了解这个世界运作的道理。”正是有着这样的渴求，当其他孩子正在玩耍或者在电视机前荒废时光的时候，小小的图夫特就在灯前彻夜读书了。“我对于一知半解从来不满足，我想知道事物的所有真相。”他很认真地说。

图夫特告诫我们要保持自我。“最重要的是一定要决定你要走什么样的道路。你可以成为一名科学家，可以去做医生，但是一定要选择你的道路。世界上没有完全相同的两个人，这就是人类能够取得各种各样成就的原因。所以没有必要来强迫一个人去做他不感兴趣的工作。如果你对科学感兴趣，你要尽量找一些好的老师，这点非常重要。即使是这样，你也不一定就会获得诺贝尔奖，这些事情是可遇而不可求的，你不能过于注重结果，你不要期望一定能取得什么样的成就。如果你真正地投入到一个领域当中，倘若那不是你想要得到的，那么你也不能从中发现真正的乐趣。”

这话深刻地揭示了保持自己的特长，让自己前行的道路能够顺应自己固有的特质延伸，对于杰出人士的成长，可谓是至关重要。

德塞纳维尔，在别人眼里是干什么都不行的庸才。但是，他总觉自己有点儿与众不同的地方。有一天，他脑子里飘起一段曲调，他便将它大概哼了出来，并用录音机录了下来，请人写成乐谱，名为《阿德丽娜叙事曲》。阿德丽娜正是他的大女儿。曲子谱好后，就在罗曼维尔市找了一个游艺场的钢琴演奏员为之录音。这个演奏员没啥名气，穷酸得很。德塞纳维尔给他取了个艺名，叫理查德·克莱德曼……这一演奏不要紧，在音乐界引起了轰动，唱片在全世界一下子卖了 2600 万张，德塞纳维尔轻而易举地发了财。他说:“我不会玩任何乐器，也不识乐谱，更不懂和声。不过我喜欢瞎哼哼，哼出些简单的、大众爱听的调儿。”

德塞纳维尔只作曲，不写歌，他的曲子已有数百首，并且流行全球。20 年来，德塞纳维尔靠收取巨额版税，腰缠万贯。成功人士都是这样，保持特质，最后他们得到了一片蓝天。

不做别人意见的牺牲品

许多时候，我们太在意别人的感觉，因而在一片迷茫之中迷失自己。

随意地活着，你不一定很平凡，但刻意地活着，你一定会很痛苦，其实人活着的目的只有一个，那就是不辜负自己。

别人的眼光和议论，你不必太在意，我们又何必太在意那些属于我们生命以外的一些东西呢？我们所应牢牢把握的只是生命本身，如果我们一直活在别人的目光下，那么属于我们自己的生命还有多少呢？

有位名人曾经说过:“生命短促，没有时间可以浪费，一切随心自由才是应该努力去追求的，别人如何议论和看待我，便是那么无足轻重了。”

真正能够沉淀下来的，总是有分量的；浮在水面上的，毕竟是轻小的东西。且让我们在属于我们自己的人生道路上昂首挺胸地一步步走过，只要认为自己做得对，做得问心无愧，不必在意别人的看法，不必去理会别人如何议论自己的是非，把信心留给自己，做生活的强者，永远向着自己追求的目标，执着地走自己的路就对了！

莫尼卡·狄更斯二十几岁时虽然已是有作品出版的作家，可是仍然举止笨拙，常感自卑。她有点胖，不过并不显肥，但那已足以使她觉得衣服穿在别人身上总是比较好看。她在赴宴会之前要打扮好几小时，可是一走进宴会厅就会感到自己一团糟，总觉得人人都在对她评头论足，在心里耻笑她。

有个晚上，莫尼卡忐忑不安地去赴一个不大认识的人的宴会，在门外碰见另一位年轻女士。

“你也是要进去的吗？”

“大概是吧，”她扮了个鬼脸，“我一直在附近徘徊，想鼓起勇气进去，可是我很害怕。我总是这样子的。”

“为什么？”莫尼卡在灯光照映的门阶上看看她，觉得她很好看，比自己好得多。“我也害怕得很。”莫尼卡坦言，她们都笑了，不再那么紧张。她们走向前面人声嘈杂、情况不可预知的地方。莫尼卡的保护心理油然而生。

“你没事吧？”她悄悄问道。这是她生平第一次心不在自己而在另一个人身上。这对她自己也有帮助，她们开始和别人谈话，莫尼卡开始觉得自己是这群人的一员，不再是个局外人。

穿上大衣回家时，莫尼卡和她的新朋友谈起各自的感受。

“觉得怎么样？”

“我觉得比先前好。”莫尼卡说。

“我也如此，因为我们并不孤独。”

莫尼卡想：这句话说得真对！我以前觉得孤立，认为世界其余的人都自信十足，可是如今遇到了一个和我同样自卑的人，迄今为止，我因为让不安全感吞噬了，根本不会去想别的，现在我得到了另一启示：会不会有很多人看来意兴高昂，谈笑风生，但实际上心中也忐忑不安？

莫尼卡撰稿的那家本地报馆，有位编辑总有些粗鲁无礼，问他问题，他只只字答复，莫尼卡觉得他的目光永不和自己的接触。她总觉得他不喜欢自己，现在，莫尼卡怀疑会不会是他怕自己不喜欢他？

第二天去报馆时，莫尼卡深吸一口气，对那位编辑说：“你好，安德森先生，见到你真高兴！”

莫尼卡微笑抬头。以前，她习惯一面把稿子丢在他桌上，一面低声说道：“我想你不会喜欢它。”这一次莫尼卡改口道：“我真希望你喜欢这篇稿，大家都写得不好的时候，你的工作一定非常吃力。”

“的确吃力。”那位编辑叹了口气。莫尼卡没有像往常那样匆匆离去，她坐了下来。他们互相打量，莫尼卡发现他不是个咄咄逼人的特稿编辑，而是个头发半秃、其貌不扬、头大肩窄的男人，办公桌上摆着他妻儿的照片。莫尼卡问起他们，那位编辑露出了微笑，严峻而带点悲伤的嘴变得柔和起来。莫尼卡感到他们两人都觉得自在了。

后来，莫尼卡的写作生涯因战争而中断。她去受护士训练，再次因感觉到医院里的人个个称职，唯自己不然；她觉得自己手脚笨拙，学得慢，穿上制服看来仍全无是处，引来许多病人抱怨。“她怎么会到这儿来的？”莫尼卡猜他们一定会这样想。

工作繁忙加上疲劳，使莫尼卡不再胡思乱想，也不再继续发胖。她开始感觉到与大家打成一片的喜悦，她是团队的一分子，大家需要她。她看到别人忍受痛苦，遭遇不幸，觉得他们的生命比自己的还重要。

“你做得不坏。”护士长有一天对莫尼卡说。莫尼卡暗喜：她原来在称赞我！他们认为我一切没问题。莫尼卡忽然惊觉几星期来根本没有时间为自己是否称职而发愁担忧。

不要过分关心别人的想法。你过分关心“别人的想法”时，你太小心翼翼地想取悦别人时，你对别人其实是假想的不欢迎过分敏感时，你就会有过度的否定反馈、压抑以及不良的表现。最重要的是，你对别人的看法不必太在意。

把眼光盯住别人不放，以别人的方向为方向，总难超越别人。要想有成就，你得自己开路，而你所开的路是你自己的理想、见解与方式，所以是你所独有的。老子认为：“夫唯不争，故天下莫能与之争。”

美国有一位极令人敬佩的年轻女士，她的芳名是罗莎·帕克斯，于1955年的某一天，她在阿拉巴马州蒙哥马利市搭乘公车，理直气壮地不按该州法律规定让位给一位白人。她这个不服从的举动造成轩然大波，招来白人强烈的抨击，然而却也成为其他黑人效法的榜样，结果掀起了随后的民权运动，使美国人民的良知普遍觉醒，为平等、机会和正义重新界定出不分种族、信仰和性别的法律。罗莎·帕克斯当时拒绝让位，可曾想过自己会遭遇什么样的后果？她是否有什么能够改变现有社会结构的高明计划？我们不知道，然而我们相信，她对这个社会抱有更高期许的决定，促使她采取这种大胆的行动。谁能想到这个弱女子的决定，却给后人带来如此深远的影响？

追随你的热情，追随你的心灵，唱出自己的声音，世界因你而精彩。

第七章

等来的只是命运，拼出来的才是人生

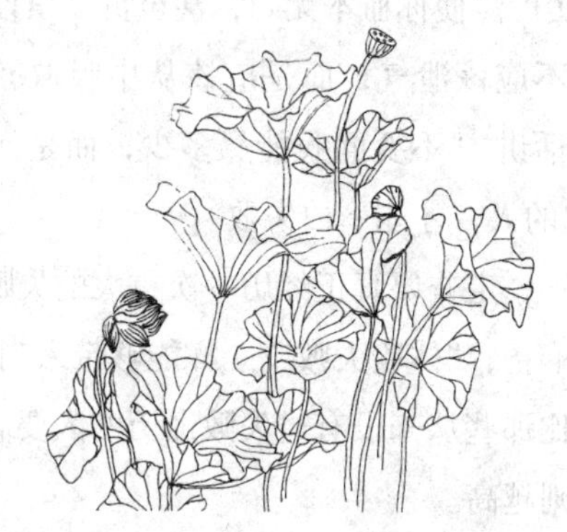

只有输得起的人，才不怕失败

每个人都希望无论何时都站在适合自己的位置，说着该说的话，做着该做的事。但不经过挫折磨炼的人是不可能达到这种境界的，人总要从自己的经历中汲取经验的。所以，做人要输得起。

输不起，是人生最大的失败。

人生犹如战场。我们都知道，战场上的胜利不在于一城一池的得失，而在于谁是最后的胜利者，人生也是如此，成功的人不应只着眼于一两次成败，而是应该不断地朝着成功的目标迈进。当然，一两次的失败确实可能使你血本无归，甚至负债累累。

最要紧的是不应该泄气，而是应该从中吸取教训，用美国股票大亨贺希哈的话讲："不要问我能赢多少，而是问我能输得起多少。"只有输得起的人，才能不怕失败。

当然，我们不一定非要真正经历一次重大的失败，只要我们做好了认识失败的准备，"体验失败"一样能够带来刻骨铭心的教训，而那失败的起点比那些从来没有过失败经历的人要高得多，并且失败越惨痛，起点则越高。

只有惨烈地死过一回的人，才能获得更好的更为成功的新生。

贺希哈17岁的时候，开始自己创造事业，他第一次赚大钱，也是第一次得到教训。那时候，他一共只有255美元。在股票的场外市场做一名投资客，不到一年，他便发了第一次财：16万8千美元。他替自己买了第一套像样的衣服，在长岛买了一幢房子。

随着第一次世界大战的结束，贺希哈以随着和平而来的大减

价，顽固地买下隆雷卡瓦那钢铁公司。结果呢？他说："他们把我剥光了，只留下4000美元给我。"贺希哈最喜欢说这种话，"我犯了很多错，一个人如果说不会犯错，他就是在说谎。但是，我如果不犯错，也就没有办法学乖。"这一次，他学到了教训，"除非你了解内情，否则，绝对不要买大减价的东西。"

1942年，他放弃证券的场外交易，去到未列入证券交易所买卖的股票生意。起先，他和别人合资经营，一年之后，他开设了自己的贺希哈证券公司。到了1928年，贺希哈做了股票投资客的经纪人，每个月可赚到25万美元的利润。

但是，比他这种赚钱的本事更值得称道的，就是他能够悬崖勒马，遇到不对劲的情况，能悄悄回顾从前的教训。在1929年灿烂的春天，正当他想付50万美元在纽约的证券交易所买股票，不知道什么原因，把他从悬崖边缘拉回来。贺希哈回忆这件事情说："当你知道医生和牙医都停止看病而去做股票投机生意的时候，一切都完了。我能看得出来。大户买进公共事业的股票，又把它们抬高。我害怕了，我在八月全部抛出。"他脱手以后，净得40万美元。

1936年是贺希哈最冒险，也是最赚钱的一年。安大略北方，早在人们淘金发财的那个年代，就成立了一家普莱史顿金矿开采公司。这家公司在一次大火灾中焚毁了全部设备，造成了资金短缺，股票跌到不值5分钱。有一个叫陶格拉斯的地质学家，知道贺希哈是个思维敏捷的人，就把这件事告诉了他。贺希哈听了以后，拿出25000美元做试采计划。不到几个月，黄金掘到了，仅离原来的矿坑25英尺。

普莱史顿股票开始往上爬的时候，海湾街上的大户以为这种股票一定会跌下来，所以纷纷抛出。贺希哈却不断买进，等到他买进普莱史顿大部分股票的时候，这种股票的价格已超过了两马克。

这座金矿，每年毛利达250万美元。贺希哈在他的股票继续上升的时候，把普莱史顿的股票大量卖出，自己留了50万股，这50万股等于他一个钱都没花，白捡来的。

这位手摸到东西便会变成黄金的人，也有他的麻烦。1945年，贺希哈的菲律宾金矿赔了300万，这也使他尝到了另一个教训：“你到别的国家去闯事业，一定要把一切情况弄清楚。”

20世纪40年代后期，他对铀发生了兴趣，结果证明了比他从前的任何一种事业更吸引他。他研究加拿大寒武纪以前的岩石情况，铀裂变痕迹，也懂得测量放射作用的盖氏计算器。1949年至1954年，他在加拿大巴斯卡湖地区，买下了470平方英里蕴藏铀的土地。成为第一家私人资金开采铀矿的公司，不久，他聘请朱宾负责他的矿务技术顾问公司。

这是一个许多人探测过的地区。勘探矿藏的人和地质学家都到这块充满猎物的土地上开采过。大家都注意着盖氏计算器的结果，他们认为只有很少的铀。

朱宾对于这种理论都同意。但是，他注意到了一些看来是无关紧要的“细节”。有一天，他把一块旧的艾戈码矿苗加以试验，看看有没有铀元素。结果，发现稀少得几乎没有。这样，他知道自己已经找到了原因。原来就是，土地表面的雨水、雪和硫矿把这盆地中放射出来的东西不是掩盖住就是冲洗殆尽了。而且，盖氏计算器也曾测量出，这块地底下确实藏有大量的铀。他向十几家矿业公司游说，劝他们做一次钻探。但是，大家都认为这是徒劳的。朱宾就去找贺希哈。

1953年3月6日开始钻探。贺希哈投资了3万美元。结果，在5月间一个星期六的早晨，得到报告说，56块矿样品里，有50块含有铀。

一个人怎样才会成功，这是很难分析的。但是，在贺希哈身上，我们可以分析出一点因素，那就是他自己定的一个简单公式：输得起才赢得起，输得起才是真英雄！

用你的笑容改变世界，不要让世界改变了你的笑容

如果一个人在46岁的时候，在一次意外事故中被烧得不成人形，4年后的一次坠机事故则使得其腰中部以下全部瘫痪，他会怎么办？接下来，你能想象他变成百万富翁、受人爱戴的公共演说家、春风得意的新郎官及成功的企业家吗？你能想象他会去泛舟、玩跳伞、在政坛争得一席之地吗？

这一切，米歇尔全做到了，甚至有过之而无不及。在经历了两次可怕的意外事故后，米歇尔的脸因植皮而变成一块彩色板，手指没有了，双腿细小，无法行动，他只能瘫痪在轮椅上。第一次意外事故把他身上六成五以上的皮肤都烧坏了，为此他动了16次手术。

手术后，他无法拿起叉子，无法拨电话，也无法一个人上厕所，但曾是海军陆战队队员的米歇尔从不认为自己被打败了。他说："我完全可以掌控自己的人生之船，那是我的浮沉，我可以选择把目前的状况看成倒退或是一个新起点。"6个月之后，他又能开飞机了！

米歇尔为自己在科罗拉多州买了一幢维多利亚式的房子，另外也买了房地产、一架飞机及一家酒吧，后来他和两个朋友合资开了一家公司，专门生产以木材为燃料的炉子，这家公司后来变成佛蒙特州第二大私人公司。第一次意外发生后4年，米歇尔所开的飞机在起飞时又摔回跑道，把他胸部的12块脊椎骨压得粉碎，他永远

瘫痪了。

米歇尔仍不屈不挠，努力使自己达到最大限度的自主。后来，他被选为科罗拉多州孤峰顶镇的镇长，保护小镇的环境，使之不因矿产的开采而遭受破坏。米歇尔后来还竞选国会议员，他用一句“不只是另一张小白脸”作为口号，将自己难看的脸转化成一项有利的资产。后来，行动不便的米歇尔开始泛舟。他坠入爱河且完成终身大事，他还拿到了公共行政硕士，并持续他的飞行活动、环保运动及公共演说。米歇尔坦然面对自己失意的态度使他赢得了人们的尊敬。

米歇尔说：“我瘫痪之前可以做1万件事，现在我只能做9000件，我可以把注意力放在我无法再做的1000件事上，或是把目光放在我还能做的9000件事上。告诉大家，我的人生曾遭受过两次重大的挫折，而我不能把挫折当成放弃努力的借口。或许你们可以用一个新的角度，看待一些一直让你们裹足不前的经历。你们可以退一步，想开一点，然后，你们就有机会说：‘或许那也没什么大不了的！’”

月有阴晴圆缺，人生也是如此。情场失意、朋友失和、亲人反目、工作不得志……类似的事情总会不经意纠缠你，令你的情绪跌至低谷。其实，生活中的低谷就像是行走在马路上遇到红灯一样，你不妨以一种平和的心态坦然面对，不妨利用这段时间休息、放松一下，为绿灯时更好地行走打下基础。

怀有成为珍珠的信念

在日本有一个学业优秀的青年，去一家大公司应聘，结果没被录用。这位青年得知这一消息后，深感绝望，顿生轻生之念，幸亏

抢救及时，自杀未遂。不久传来消息，他的考试成绩名列榜首，是统计考分时电脑出了差错，他被公司录用了。但很快又传来消息，说他又被公司解聘了，理由是一个人连如此小的打击都承受不起，又怎么能在今后的岗位上建功立业呢？

在我们的周围，有很多人之所以没有成功，并不是因为他们缺少智慧，而是因为他们面对事情的艰难没有做下去的勇气，他们自认为已陷入绝境，只知道悲观失望。

而有的人却恰恰相反，他们面对失败从不气馁，而是以百折不挠的精神向目标不断前进。

有一位穷困潦倒的年轻人，身上全部的钱加起来也不够买一件像样的西服。但他仍全心全意地坚持着自己心中的梦想，他想做演员，当电影明星。好莱坞当时共有500家电影公司，他根据自己仔细划定的路线与排列好的名单顺序，带着为自己量身定做的剧本前去一一拜访，但第一遍拜访下来，500家电影公司没有一家愿意聘用他。

面对无情的拒绝，他没有灰心，从最后一家被拒绝的电影公司出来之后不久，他就又从第一家开始了他的第二轮拜访与自我推荐。第二轮拜访也以失败而告终。第三轮的拜访结果仍与第二轮相同。但这位年轻人没有放弃，不久后又咬牙开始了他的第四轮拜访。当拜访到第350家电影公司时，老板竟破天荒地答应让他留下剧本先看一看。他欣喜若狂。几天后，他获得通知，请他前去详细商谈。就在这次商谈中，这家公司决定投资开拍这部电影，并请他担任自己所写剧本中的男主角。不久这部电影问世了，名叫《洛奇》。这位年轻人的名字就叫史泰龙，后来他成了红遍全世界的巨星。

其实，陷入绝望的境地往往是对今后的路没有信心，或者是对曾经得到而又失去的东西感到痛心，所以有人会因此而绝望。人常说，“绝境逢生”，这个词能够出现就有它出现的道理，很多时候，有些事情看起来是没有回旋的余地了，但只要不放弃，很可能就会出现转机。

常言道：“留得青山在，不怕没柴烧。”任何时候，只要人在就有希望，遇到任何处境都不至于绝望，流过血，流过泪，付出了汗水，痛哭过后，擦干眼泪，一切可以重新开始。

所以，不论是遇到什么事情，不论事情在现在看来是如何的糟糕，千万不要以为没有了办法，也不要因为一次失败就认为自己无能，每一个人几乎都是由不断失败，再不断爬起来才获得成功的。或者每当觉得开始绝望的时候，多鼓励自己再试一次，再试一次很可能让自己跨越了苦难的沼泽地，给自己一个机会，生活的机会才会留给自己。

把苦难当作人生的光荣

人生的光荣，不仅仅在于舞台上的光鲜与艳丽，也不仅仅在于领奖台上的欢呼与喝彩，它更在于在舞台和领奖台下所经历的苦难和付出的汗水！

“宝剑锋从磨砺出，梅花香自苦寒来。”我们都知道，艰苦的环境会磨炼人的意志，促使人不断进取；安逸舒适的环境容易消磨人的意志，最后导致人一无所成。

人的一生有无数次机遇，也会面临无数次挑战。如果没有一种良好的心态，没有坚韧不拔的斗志，你将难以冲破黎明前的黑暗，只能同成功失之交臂。而把苦难当作人生的光荣，接受命运的挑战就是我们磨炼自己、施展抱负、实现梦想的最佳方法。

向命运低头，那是懦夫；向命运挑战，那才是强者。在生命的长河里，只有迎着风浪搏斗，才能迸出最美的浪花。请记住，命运掌握在自己的手中，你可以让它虚度一生，也可以让它忙碌一生，你可以承认失败但不可以向命运低头。

有一个渔夫，经常在潭边不远的河段里捕鱼，那是一个水流湍急的河段，雪白的浪花翻卷着，一道道的波浪此起彼伏。

一群经常钓鱼的年轻人感到非常奇怪。年轻人同时又觉得他很可笑，在浪大又那么湍急的河段里，连鱼都不能游稳，那又怎么会捕到鱼呢？

有一天，有个好奇的年轻人终于忍不住了，他放下钓竿去问渔夫："鱼能在这么湍急的地方留住吗？"渔夫说："当然不能了。"年轻人又问："那你怎么能捕到鱼呢？"渔夫笑笑，什么也没说，只是提起他的鱼篓在岸边一倒，顿时倒出一团银光。那一尾尾鱼不仅肥，而且大，一条条在地上翻跳着。年轻人一看就傻了，这么肥这么大的鱼是他们在深潭里从来没有钓上来的。他们在潭里钓上的，多是些很小的鲫鱼和小鲦鱼，而渔夫竟在河水这么湍急的地方捕到这么大的鱼，年轻人愣住了。

渔夫笑笑说："潭里风平浪静，所以那些经不起大风大浪的小鱼就自由自在地游荡在潭里，对他们来说，潭水里那些微薄的氧气就足够它们呼吸了。而这些大鱼就不行了，它们需要水里有更多的氧气，所以没办法，它们就只有拼命游到有浪花的地方。浪越大，水里的氧气就越多，大鱼也就越多。"

渔夫又得意地说："许多人都以为风大浪大的地方是不适合鱼生存的，所以他们捕鱼就选择风平浪静的深潭。但他们恰恰想错了，一条没风没浪的小河是不会有大鱼的，而大风大浪恰恰是鱼长大长肥的唯一条件。大风大浪看似是鱼儿们的苦难，恰是这些苦难使鱼儿们茁壮成长。”

同这些鱼的经历一样，每一个成功者的背后，都有无数次的失败，都有难以回首的辛酸和血泪。但是，这些东西换回来的是最后的成功。而那些优柔寡断、意志薄弱者，却总是在抱怨和无奈中心态失衡地活着，在宿命论中寻找自己的安慰。

人的一生大悲大喜，起起落落，有许多偶然，但更有其必然。命运虽然总爱捉弄那些意志薄弱的人，但幸运之神却常常青睐那些勇于进取、意志坚定的强者。意志坚强，做事从不服输者，虽然经常会饱受挫折，但最终却能领略成功的喜悦。

在我们身边也有一些普通的人，他们虽然默默无闻，但却用辛酸的汗水与泪水谱写着自己精彩的一生。

一个女孩叫胡春香，她生下来就无手无脚，手脚的末端只是圆秃秃的肉球。8岁时，有了思想的她就想到了死，但可悲的是，她无法找到死的方法，用头撞墙，因为没有四肢支撑，在碰得几个血泡、摔得一脸模糊后还是活着；绝食，又遭到母亲怒骂：“8年，我千辛万苦拉扯你8年了。”看着母亲辛酸的眼泪，她毅然决定要像人一样活下去。

她开始训练拿筷子，她先用一只手臂放在桌边，再用另一只手从桌面上将筷子滑过去，然后，两个肉球合在一起。她从用一根筷子开始，再到用两根筷子，日复一日，血痕复血痕。9岁那年，她终于吃到了自己用筷子夹起的第一口饭。

学会了拿筷子后，她又开始学走路，她将腿直立于地面，努力保持身体的平衡，和地面接触的部位从伤痕到血泡，从血泡到厚茧，摔倒爬起，爬起摔倒，血水夹汗水，汗水夹泪水。10岁那年，

她学会了走路。

也就在这年，她有了想读书的念头，在父母及老师的帮助下，她成为村上小学的一名编外生。于是，她用胶布缠在腿上，不论寒暑和风雨，都是早早到校。她用手臂的末端夹笔写字，付出比常人多数十倍的努力，从小学到初中，再到自学财务大专。

1988年，云南的一家工厂破格录用她为会计，后来，她为了回报父母的养育之恩返回父母身边。回家后，她贩卖起了水果，再后来，她不仅成了远近闻名的孝女，而且还“贩回”一个高大健康的丈夫，膝下有一对活泼可爱的儿女，一家人温馨、甜蜜、其乐融融。

我们钦佩那些家境贫寒但却自强不息的人，更钦佩那些身体残缺，却能通过自己的不懈努力取得成就的人，我们从他们身上看到了他们向命运挑战的坚强意志。人的一生难免会遇到很多的苦难，无论是与生俱来的残缺，还是惨遭生活的不幸，但只要敢于面对苦难，自强不息，就一定会赢得掌声，赢得成功，赢得幸福，赢得光荣!

没有一种冰，不被自信的阳光融化

为自己喝彩，不要在意别人的目光。要记住：自己是自我生命最重要的欣赏者。

每个人来到世上，都希望演绎出辉煌的成就和个性的自我，希望自己的风度、学识、动人歌喉或翩翩身影能得到别人的认可和掌声，但并不是每个人都能神采飞扬地处于灯光闪烁的舞台上。作为平凡的个体，大多数人只能在舞台后呢喃自己的独白，没有人关注，没有人在意，没有人给予簇拥的鲜花和热烈的掌声与喝彩。

面对此景，有些人往往感叹自己的平庸，妒羡别人的优秀。其实，何必！鲜花诚然美丽，掌声固然醉人，但它只能肯定某些人的成就，无法否定多数人价值。只要真真正正生活，活出一个真真实实的自我。那么，即使所有的人都把目光投向别处，你还拥有最后一个观众，你还可以为自己喝彩。

人有责任成为你自己——真正的自己——而不是别的任何人。为自己喝彩，首先就要认清自己，看中自己。

一个男人昏迷了，正在弥留之际，忽然感到被接到天上去，站在那审判者的宝座前。一个声音问他说："你是谁？"

他回答："我是市长。"

"我没问你是什么官，我问你是谁。"

……

"我是一位百万富翁。"

"我并没有问你有多少钱，而是问你是谁。"

"我是我4个孩子的爸爸。"

"我并没有问你是谁的爸爸，而是你是谁？"

"我曾是一位教师。"

"我也没有问你的职业，而是你是谁？"

他们就这样对答下去，可是，不论他给予什么答案，似乎也没有答对那问题："你是谁？"

"我是一位佛教徒。"

"我并不是问你的宗教信仰，而是你是谁？"

"我是有一颗爱心，而且，时常都帮助穷苦和有需要者的那人。"

"我也不是问你做了什么，究竟你是谁？"

这个男人始终过不了这关，因此，他被送回地上来了。当他从病中康复过来后，他决意找出他究竟是谁。此后，他的生活全改变

了，一改过去的盲目与劳顿，他的人生变得丰富而充盈。

所以为自己喝彩，首先就要从认识你自己开始。要明白自己对自己的期望，为自己的人生而生活。

为自己喝彩，不必有半点的矜持和骄傲，完全可以大大方方，潇潇洒洒，只要你相信自己。为自己喝彩，不是自我陶醉，不是故弄玄虚，不是阿Q主义，而是一种超脱高昂的人生境界。

也许你是一只锻烧失败、一面世就遭冷遇的瓷器，没有凝脂样的釉色，没有龙凤呈祥的花纹；可当你摒弃杂质，从泥坯变为瓷器的时候，你的生命已在烈火中变得灼人而美丽，你应为此而欣慰。

也许你是一块矗立于山中终生承受日晒雨淋的顽石。丑陋不堪并且平凡无奇，在沧海桑田的变迁中，被人恒久地遗忘在乱石蒿草之间；可你同样应该自豪，因为你毕竟仰视天宇傲对霜雪，站成了属于你自己的独立的姿态，不随意倒下也不黯然消失，便是你内在的价值。

也许你只是一朵日益凋零的小花，只是一片被秋风撩起的落叶，只是一张被人不经意揉皱了白纸，只是一片悠悠的云彩，只是一阵无形无影的清风，或者只是任何人眼中匆匆的一瞥和嘴角边轻轻地一声叹惋，但你仍可以为你曾经有过的存在而自慰，你仍然可以为自己喝彩。

曾获得世界冠军的羽毛球选手熊国宝一次接受访问，记者照惯例问他：“你能赢得世界冠军，最感谢哪个教练的栽培？”

熊国宝想了想，坦诚地说：“如果真要感谢的话，我最该感谢的是自己的栽培。就是因为没有人看好我，只有我自己看好我自己，我才有今天。”

原来在熊国宝入选国家代表队时，只是个绿叶的角色，虽然球已打得不错，但从来没有被视为是能为国争光的人选。他沉默寡言，年纪又比最出色的选手大了些，没有一点运动明星的样子，教练选了他，并不是要栽培他，只是要他陪着明星选手练球。有许多年的时间，他每天打球的时间都比别人长很多，因为他是好些队友的最佳练球对象。拍子线断了，他就换上一条线，鞋子破了补一块橡胶，球衣破了就补块布，零下十几度的冬天，他依然早上5点去晨跑练体力。做这些事，他并不在意，因为他知道自己一定能行。

有一年他垫档入选参加世界大赛时，第一场就遇到最强劲的队手，大家都当他是去当“牺牲打”的，没有人在意他会不会打赢。没想到他竟然势如破竹般一路赢了下去，甚至赢了教练心中最有希望夺冠的队友，得到了世界冠军，一战成名。

没有伯乐，熊国宝一样证明了自己是千里马。无论别人怎么看他，他都一直在心里为自己喝彩，如果连他自己都不为自己喝彩的话，他又如何能够熬过通往冠军之路上的艰辛和痛苦呢?

从呱呱坠地，我们便开始一路风雨、一路艰辛地走着。风雨总是时刻考验着你，有时它将你五彩缤纷的梦撞碎，有时它将你的苦心经营当作泡影放飞，有时路途中突下一阵苦雨，突刮一阵寒风，但无论对谁，生活都是公平的，人生的不同实际在于对自己的态度。

所以，为自己喝彩吧！铮铮地鼓起勇气，静静地梳理梦想，去完成你的使命，你的光荣。笑对沧桑，看云卷云舒；去留无意，观庭前花开花落。为自己喝彩，人生的旅途中终有一盏明灯指引着你走过水深火热，泥泞沼泽，走进繁花似锦，丽日阳春。

在生活中我们总习惯于为别人喝彩，羡慕别人的点点滴滴的完美，而对自己一些突出的优点视而不见，不以为然。于是喝彩也因

寂寞，而悄然离去，只剩下低头丧气的自己。而有一首歌中唱道："你我走上舞台，唱出心中的爱，迈出青春节拍，为我们的明天喝彩。"这首歌唱得多好，它能激起我们对未来的热情与向往，敢于为自己美好的青春与活力高歌，让悦人的掌声为自己响起来，让我们大胆地为自己喝彩！

人生是寂寞、坎坷、孤零的一段旅程，在百年的行程中是常需对自己喝一声彩的。为自己喝声彩，它就会给你带来一声号角，一杆旗帜，犹如一盏灯，一副拐杖，一对翅膀引领着你向前走，走过一个个的坎，经受住一次次的考验，重踏脚下的那方土，走出一条路。

跌倒也不空着手爬起来

每个人都是被遮蔽的天才，一旦你体内酣睡着的不可估量的潜能被激发出来，你会发现世界上并没有你无法战胜的困难。

国际知名的潜能开发大师迈可葛夫说过："你带着成为天才人物的潜力来到人世，每个人都是如此。"每个人都有着巨大的潜能，善于发现并挖掘它，它就能为你所用。忽视或遗忘它的存在，它便沉睡在生命的角落。许多人连做梦也想不到在自己的身体里蕴藏着那么大的潜能，有着能够彻底改变他们一生的强项。

对于人类所拥有的无限潜能，迈可葛夫曾讲过这样一个小故事：

一位已被医生确定为残疾的美国人，名叫梅尔龙，靠轮椅代步已12年。他的身体原本很健康，19岁那年，他赴越南打仗，被流弹打伤了背部的下半截，被送回美国医治，经过治疗，他虽然逐渐康复，却没法行走了。

他整天坐轮椅，觉得此生已经完结，有时就借酒消愁。有一天，他从酒馆出来，照常坐轮椅回家，却碰上三个劫匪，动手抢他的钱包。他拼命呐喊拼命抵抗，却触怒了劫匪，他们竟然放火烧他的轮椅。轮椅突然着火，梅尔龙忘记了自己是残疾，他拼命逃走，竟然一口气跑完了一条街。事后，梅尔龙说："如果当时我不逃走，就必然被烧伤，甚至被烧死。我忘了一切，一跃而起，拼命逃跑，及至停下脚步，才发觉自己能够走动。"现在，梅尔龙已在奥马哈城找到一份职业，他已身体健康，与常人一样走动。

人的潜能犹如一座待开发的金矿，蕴藏无穷，价值无比，而我们每个人都有这样一座潜能金矿。但是，由于各种原因，每个人的潜能从没得到淋漓尽致地发挥。潜能是人类最大而又开发得最少的宝藏！无数事实和许多专家的研究成果告诉我们：每个人身上都有巨大的潜能还没有开发出来。

1960 年，哈佛大学的罗森塔尔博士曾在加州一所学校做过一个著名的实验。新学年开始时，罗森塔尔博士让校长把三位教师叫到办公室，对他们说："根据你们过去的教学表现，你们是本校最优秀的老师。因此，我特意挑选了 100 名全校最聪明的学生组成三个班让你们教。这些学生的智商比其他孩子都高，希望你们能让他们取得更好的成绩。"

三位老师都高兴地表示一定尽力。校长又叮嘱他们，对待这些孩子，要像平常一样，不要让孩子或孩子的家长知道他们是被特意挑选出来的，老师们都答应了。

一年之后，这三个班的学生成绩果然排在整个学区的前列。这时，校长告诉了老师们真相：这些学生并不是刻意选出的最优秀的

学生，只不过是随机抽调的最普通的学生。教师也不是特意挑选出的全校最优秀的教师，不过是随机抽调的普通老师罢了。

可见，每一个人都能做到最好，你所要做的，就是充分发挥聪明的潜能，奔向自己的目的地。正如爱默生所说："我所需要的，就是去做我力所能及的事情。"

美国学者詹姆斯根据其研究成果说：普通人只开发了他蕴藏能力的1/10，与应当取得的成就相比较，我们不过是半醒着的。我们只利用了我们身心资源的很小很小的一部分。要是人类能够发挥一大半的大脑功能，那么可以轻易地学会40种语言、背诵整本百科全书、拿12个博士学位。这种描述相当合理，一点也不夸张。所以说，并非大多数人命里注定不能成为"爱因斯坦"，只要发挥了足够的潜能，任何一个平凡的人都可以成就一番惊天动地的伟业，都可以成为另一个"爱因斯坦"。

世界顶尖潜能大师安东尼·罗宾指出，人在绝境或遇险的时候，往往会发挥出不寻常的能力。人没有退路，就会产生一股"爆发力"，即潜能。

一位农夫在谷仓前面注视着一辆轻型卡车快速地开过他的土地。他14岁的儿子正开着这辆车，由于年纪还小，他还不够资格考驾驶执照，但是他对汽车很着迷，而且已经能够操纵一辆车子，因此农夫就准许他在农场里开这客货两用车，但是不准上外面的路。

但是突然间，农夫眼见汽车翻到了水沟里去，他大为惊慌，急忙跑到出事地点。他看到沟里有水，而他的儿子被压在车子下面，躺在那里，只有头的一部分露出水面。这位农夫并不很高大，只有170厘米高，70公斤重。

但是他毫不犹豫地跳进水沟，把双手伸到车下，把车子抬了起来，足以让另一位跑来援助的工人把那失去知觉的孩子从下面拽出来。

当地的医生很快赶来了，给男孩检查一遍，只有一点皮肉伤需要治疗，其他毫无损伤。

这个时候，农夫却开始觉得奇怪了起来，刚才他去抬车子的时候根本没有停下来想一想自己是不是抬得动，由于好奇，他就再试一次，结果根本就动不了那辆车子。医生说这是奇迹，他解释说身体机能对紧急状况产生反应时，肾上腺就大量分泌出激素，传到整个身体，产生出额外的能量。这就是他可以提出来的唯一解释。

由此可见，一个人通常都存有极大的潜能。这一类的事还告诉我们另一项更重要的事实，农夫在危急情况下产生一种超常的力量，并不仅是肉体反应，它还涉及到心智的精神的力量。当他看到自己的儿子可能要淹死的时候，他的心智反应是要去救儿子，一心只要把压着儿子的卡车抬起来，而再也没有其他的想法。可以说是精神上的肾上腺引发出潜在的力量，而如果情况需要更大的体力，心智状态还可以产生出更大的力量即潜能。

人的潜能是无限的，关键在于认识自己、相信自己，发挥自己的力量。其实每个人对自己最大的才能、最高的力量总不能认识，只有在大责任、大变故或生命危难之时，才能把它催唤出来，而这催唤之人就是你自己。

爱迪生曾经说："如果我们做出所有我们能做的事情，我们毫无疑问地会使我们自己大吃一惊。"但是，在生活中很多人从来没有期望过自己能够做出什么了不起的事来。这就是问题的关键所在，正是因为我们只把自己钉在我们自我期望的范围以内，我们才

无法发挥自己的潜力。

安东尼·罗宾告诉我们，任何成功者都不是天生的，成功的根本原因是开发了人的无穷无尽的潜能。只要我们抱着积极心态去开发自己的潜能，尤其是在困境之中，我们就会有用不完的能量，我们的能力就会越用越强。相反，如果我们抱着消极心态，不去开发自己的潜能，那我们只有叹息命运不公，并且越消极越无能！

把自己“逼”上巅峰

把自己“逼”上巅峰，首先要给自己一片没有后路的悬崖，这样才能发挥出自己最大的能力。力挽狂澜的秘密就在于此。

中国有句成语叫“背水一战”。它的意思是背靠江河作战，没有退路，我们常常用它来比喻决一死战。背水一战，其实就是把自己的后路斩断，以此将自己逼上“巅峰”。这个成语来源于《史记·淮阴侯列传》，这个典故对于处于苦境中的人来说，至今仍有着启示意义。

韩信是汉王刘邦手下的大将，为了打败项羽，夺取天下，他为刘邦定计，先攻取了关中，然后东渡黄河，打败并俘虏了背叛刘邦、听命于项羽的魏王豹，接着韩信开始往东攻打赵王歇。

在攻打赵王时，韩信的部队要通过一道极狭的山口，叫井陉口。赵王手下的谋士李左军主张一面堵住井陉口，一面派兵抄小路切断汉军的辎重粮草，这样韩信小数量的远征部队没有后援，就一定会败走。但大将陈余不听，仗着兵力优势，坚持要与汉军正面作战。韩信了解到这一情况，不免对战况有些担心，但他同时心生一计。他命令部队在离井陉三十里的地方安营，到了半夜，让将士们吃些点心，告诉他们打了胜仗再吃饱饭。随后，他派出两千轻骑从小路隐蔽前进，要他们在赵军离开营地后迅速冲入赵军营地，换上汉军旗号；又派一万军队故意背靠河水排列阵势来引诱赵军。

到了天明，韩信率军发动进攻，双方展开激战。不一会儿，汉军假意败回水边阵地，赵军全部离开营地，前来追击。这时，韩信命令主力部队出击，背水结阵的士兵因为没有退路，也回身猛扑敌军。赵军无法取胜，正要回营，忽然营中已插遍了汉军旗帜，于是四散奔逃。汉军乘胜追击，以少胜多，打了一个大胜仗。

在庆祝胜利的时候，将领们问韩信："兵法上说，列阵可以背靠山，前面可以临水泽，现在您让我们背靠水排阵，还说打败赵军再饱饱地吃一顿，我们当时不相信，然而最后竟然取胜了，这是一种什么策略呢？"

韩信笑着说："这也是兵法上有的，只是你们没有注意到罢了。兵法上不是说'陷之死地而后生，置之亡地而后存'吗？如果是有退路的地方，士兵都逃散了，怎么能让他们拼死一搏呢！"

所以在生活中，当我们遇到困难与绝境时，我们也应该如兵法中所说那样"置之死地而后生"，要有背水一战的勇气与决心，这样才能发挥自己最大的能力，将自己逼上生命的巅峰。在这种情况下，往往事情会出现极大的转机。

给自己一片没有退路的悬崖，把自己"逼"上巅峰，从某种意义上说，是给自己一个向生命高地冲锋的机会。如果我们想改变自己的现状，改变自己的命运，那么首先应该改变自己的心态。只要有背水一战的勇气与决心，我们一定能突破重重障碍，走出绝境。

所以我们要保持这样的心态，在使自己处于不断积极进取的状态时，就能形成自信、自爱、坚强等品质，这些品质可以让你的能

力源源涌出。你若是想改变自己的处境，那么就改变自己身心所处的状态，勇敢地向命运挑战。一旦你决心背水一战，拼死一搏，你便可以把你蕴藏的无限潜能充分发挥出来，让自己创造奇迹，做出令人瞩目的成绩，登上命运的巅峰。

弯下腰，只为一个昂起头的机会

卧薪尝胆、忍辱负重，自古便是成功者的重要素质。伤痛与屈辱不是要将人打倒，而是要将人磨炼成为英雄！

在生活中，有时我们以为出现了不能承受的“重”。这种“重”是我们真的不能承受了吗？还是我们不愿意承受“重”带来的伤痛？在意志薄弱、眼光短浅的人看来，也许这种“重”的确无法承受，但对意志坚定、胸怀大志的人而言，这种“重”往往是岁月的磨炼，他们将因此而成为他们想成为的人。

公元前 496 年，长江下游的吴国和越国因小怨而爆发了一场战争。战争在今浙江嘉兴的冲积平原上进行。吴军是著有《三十六计》的孙子训练出来的精锐之师。而越军不仅人数少，且稚嫩年轻。但之前，越王勾践以范蠡为军师，神机妙算，曾使吴军大败，年老的吴王伤重而亡。后来，在吴国首辅大臣伍子胥的扶助下，夫差登上了王位，他发誓要消灭越国。

三年后，夫差率领雄兵攻伐越国。双方交战后，越败吴胜，吴国大军攻至越都会稽。而文种花重金买通了一位吴国大臣，让其与夫差极力周旋，终于使夫差动了怀仁之心，没有灭掉越国。然后，勾践率王后与范蠡入吴为奴。勾践为存性命以图东山再起，放弃了自己曾为君主，甚至作为男人的全部尊严，从而博得了夫差的怜悯和同情，不准伍子胥杀温顺如羔羊、木讷如农夫的勾践。

为奴三年后，夫差生病。勾践为夫差尝粪来寻找病源，此举彻底感化了夫差，从而释放了勾践。回到越国的勾践，搬进了一座破旧的宫室中居住。他睡在柴草上，每天醒来，第一件事就是先尝一口奇苦无比的苦胆！二十年雷打不动，天天如此。此间，文种不断出使吴国，进贡财宝。而范蠡的情人西施，因美艳绝伦于世，勾践也劝其忍痛割爱，献与夫差。西施入吴宫后，获得夫差的专宠，麻痹了夫差对越国的警惕。

二十年后，即公元前473年，勾践秘起藏于民间的三万雄兵，一举将姑苏城团团围困。虽然夫差有五万兵马，却因粮草难济而不敢出城一战。夫差竟想效仿二十年前勾践的求和，然而勾践却不会重蹈覆辙。最终，吴国的版图被悉数并入越国，夫差也在流放途中难忍羞辱而自杀。卧薪尝胆、忍辱负重的勾践终于取得了最后的胜利。

尝粪问疾、卧薪尝胆二十年！勾践忍人所不能忍之辱，受人所不能受之苦！他创下了人类君王史的奇迹。他苦心励志，发愤强国，创下了以小打大、以弱胜强的人间神话。“卧薪尝胆”的典故被称为中国几千年文明史中经典中的经典，勾践的超人意志对我们而言有着重要的启示意义。它让我们懂得，即便我们一下被打倒，也不应立刻放弃，只要有足够的毅力与耐心，重新站起来的那一天终会来临，在其间所受的痛苦与伤害，到那时将统统成为人生的荣誉勋章。

淮阴侯韩信忍胯下之辱的故事也体现出了这一点。

当初，在韩信还是平民时，家中贫穷，常在熟人家里吃口闲饭，很多人都讨厌他。在淮阴的屠宰户里有位恶少，公然侮辱他

道：“韩信，你虽身佩宝剑，但看你的样子就知道你是个胆小鬼，如果你能不怕死，就用你的剑来刺杀我；如果怕死不敢刺，就从我的胯下钻过去！”于是，韩信想了想，便低下头趴在地上，从那恶少的胯下钻了过去。从此，满街的人都讥笑韩信，认为他是胆小鬼。但韩信从不辩解。

后来，韩信助刘邦奠定汉业，被封为淮阴侯。汉王五年正月，改封齐王韩信为楚王，都城在下邳。韩信到了自己的封国，对他部下的各位将领说：“那个人当年那样侮辱我，当时我难道不能杀了他吗？但杀了他又能如何，会有今日的韩信么，所以当时忍下了这口气，才能有我今天这样的功业。”

所以，虽说钻裤裆是奇耻大辱，但韩信不得不钻。如果不钻，只有两个结果，一是他被那屠夫杀掉，从此没有了韩信；二是他把屠夫杀掉，他赢得了暂时的胜利，但从此也没有了韩信，因为他杀人了，杀人者偿命，他会被法律杀掉。其中任何一个结果，历史上都不会有韩信这个人。韩信之所以能作为成大业的形象在中国历史上千古流传，就因为他在忍辱负重时眼睛是看着未来的，心中有着远大的目标。

卧薪尝胆、忍辱负重需要修养与度量，这是一种境界。忍，乃是心头一把锋利的刀，要培养刀捅心头而不惊的气度，就要忍得了杀父之仇、夺妻之恨、胯下之辱、占攻之欺、争锋之伤……司马迁如果不能忍受宫刑之侮，怎么完成“究天人之际，通古今之变，成一家之言”的伟大著作《史记》而流芳千古，成为人人敬仰的史学家？

伍子胥能屈能伸，不像他哥哥伍尚甘愿成为父亲的陪葬品。他宁愿背负对国不忠、对父不孝的罪名，忍着父兄无故被害的耻辱和颠覆楚国的雄心逃亡他国。带着强烈的报仇之心，帮助他所辅佐的吴王阖闾征服了多个诸侯国，楚国当然也在其中。杀父杀兄之仇终于得以雪恨。为解心头之恨，他愤怒地鞭打了楚平王之尸。太史公叹曰："向令伍子胥从奢俱死，何异蝼蚁。弃小义，雪大耻。名垂于后世，悲夫！方子胥窘于江上，道乞食，志岂尝须臾忘郢邪？故隐忍就功名，非烈大夫孰能至此哉？"

所以说，伍子胥当年没有随父亲俱死，并非不孝，也并非苟且偷生，而是要创造一个弑君报父仇的神话。这才是真正的孝。因为当忠孝不能两全时，按常理我们当然要舍孝取忠；但如果我们所忠的君王并非是一个贤君呢，当然只能舍忠取孝了。

汉代张骞，怀着对汉武帝的感恩毅然出使西域，两次沦落匈奴，忍辱负重，却始终不忘肩头使命，最终开辟了丝绸之路，名垂青史。

不管在勾践身上，还是在韩信、伍子胥、司马迁、张骞身上，我们都能看到卧薪尝胆、忍辱负重的那种大丈夫的气概。以史为鉴，凡成功者必有"卧薪尝胆"之志，所以如果也想走上成功之路，那么对待我们生活中的困难与伤痛，我们不应采取同样的态度吗？

失败了不要紧，再试一次

最成功的人，往往是那些勇于尝试、播撒种子最多的人。所以，失败了不要紧，再试一次，或许就会有转机。

如果仔细观察，你就会发现：每棵苹果树上大概有 500 个苹果，每个苹果里平均有 10 颗种子。通过简单的乘法，我们得出这样的结论：一棵苹果树有大约 5000 颗种子。你也许会问，既然种

子的数目如此可观，为什么苹果树的数量增加不是那么快呢？

原因很简单，并不是所有的种子都会生根发芽，它们中的大部分会因为种种原因而半路夭折。在生活中也是如此，我们要想获得成功、实现理想，就必须经历多次的尝试。这就是“种子法则”。

参加20次面试，你才有可能得到一份工作；组织40次面试，你才有可能找到一个满意的雇员；跟50个人逐个洽谈后，你才有可能卖掉一辆车、一台吸尘器或是一栋房子；交友过百，运气好的话，你才有可能找到一个知心好友。

所以，最成功的人，往往是那些勇于尝试、播撒种子最多的人。

一鸣惊人、一举成功的事，在这个世界上并不多见。更多的成功在于人们坚定的信念和勤奋地工作。好的创意的实现还要靠锲而不舍的努力尝试才能成功。所以，如果你遭遇失败，千万不要放弃，也许只要多试一次，事情就会大有改观。

葛林·康汉宁，曾经被烧成重伤，并且被医生宣告：他以后只能靠轮椅度日了。可是，他创造了奇迹，他竟然能够健步如飞，并且跑出了世界最好成绩。为了实现站起来的愿望，他付出了巨大的努力。他一次又一次地试下去，实在令人感动。朋友们，我们应该向葛林·康汉宁学习。在困难面前，不要放弃，一定要咬紧牙关，坚持，坚持，再坚持。也许，就在一次次的坚持之下，我们的梦想变成了现实。无论如何，像葛林·康汉宁那样，再试一次吧！

在一场火灾中，一个小男孩儿被烧成重伤。医院全力以赴挽救了他的生命，但他的下半身却毫无行动能力，没有任何知觉。医生悄悄地告诉他的妈妈，孩子以后只能靠轮椅度日了。

出院以后，妈妈每天都推着他在院子里转一转。

有一天，天气十分晴朗，妈妈推着他到院子里呼吸新鲜空气，后来妈妈有事暂时离开了。天空是如此的美丽，蓝得好似水洗过一般。风儿轻柔地吹着，草地上盛开着各色的小花。男孩儿的心如同从沉睡中醒来，一股强烈的冲动自他的心底涌起：我一定要站起来！他奋力推开轮椅，然后拖着无力的双腿，用双肘在草地上匍匐前进。一步一步地，他终于爬到了篱笆墙边；接着，他用尽全身力气，努力抓住篱笆墙站了起来，并且试着扶住篱笆墙行走。未走几步，汗水从额头淌下。他停下来喘口气，咬紧牙关，又拖着双腿再走，一直走到篱笆墙的尽头。

每一天，他都要抓紧篱笆墙练习走路。可一天天地过去了，他的双腿始终无力地垂着，没有任何知觉。他不甘心困于轮椅的生活，紧握拳头告诉自己，未来的日子里，一定要靠自己的双腿来行走。终于，在一个清晨，当他再次拖着无力的双腿紧拉着篱笆墙行走时，一阵钻心的疼痛从下身传了过来。那一刻，他惊呆了——自从烧伤之后，他的下半身再也没有任何知觉。他怀疑是自己的错觉，又试着走了几步。没错，那种钻心的疼痛又一次清晰地传了过来。他的心狂喜地跳动着。在他不懈的努力下，他的下肢开始恢复知觉了。他一遍又一遍地走着，尽情地享受着别人避之唯恐不及的钻心般的痛楚。

自那以后，他的身体恢复得很快。先是能够慢慢地站起来，扶着篱笆墙走几步；渐渐地他便可以独立行走了。最后有一天，他竟然在院子里跑了起来。至此，他的生活与一般的男孩子再无两样。他读大学的时候，还被选进了田径队。当他健步如飞时，没有人知道他曾经是一个被医生宣告要终身与轮椅为伴的孩子。

他就是葛林·康汉宁，他曾经跑出过全世界最好的成绩。

很多事情都是这样，往往再试试，就会有意想不到的收获。令人感到遗憾和悲哀的是，面对一而再，再而三的失败，多数人选择了放弃，没有再给自己一次机会。

现在大家都知道电话是贝尔发明的。其实发明电话的大量工作是爱迪生等科学家完成的，贝尔所做的仅仅是将电话中的一个螺母转动了1/4周。为此他们打了一场著名的官司。法院最后将电话的发明权判给了贝尔。法官说：虽然爱迪生等科学家做了大量工作，但他们认为电话不能实际应用，而最终放弃了。可贝尔没有放弃。他将螺母转动了1/4周，改变了电流幅度，让电话有了实际用途，所以电话的发明权应属于贝尔。爱迪生等科学家的失败距离成功有多远呢？仅仅只是将一个螺母转1/4周。

永远不要在失败后面画句号

衡量力量与勇气不能只看胜利和奖章，更重要的标准是我们克服的困难。真正的强者不一定是取得胜利的人，但一定是面对失败绝不放弃的人。

安德鲁·杰克逊的儿时伙伴们都无法理解他为什么会成为名将，最终还能当上美国总统。他们认识的人当中，许多人比杰克逊更有才能，却一事无成。杰克逊的一位朋友曾说：“吉姆·布朗和杰克逊住在一条街上，他不仅比杰克逊聪明，而且摔跤比赛四场能赢杰克逊三场。凭什么杰克逊混得这么好？”

别人问：“为什么会有第四场比赛？一般不是三局两胜吗？”

“的确，比赛应该是结束了，但是安德鲁不肯。他从来不肯承认自己输了，一定要赢回来才算完。最后吉姆·布朗没了力气，第四场安德鲁就赢了。”

当你被摔倒在地，你会不会爬起来再战，直到取得胜利？安德鲁拒绝接受失败，正是这不屈不挠的精神造就了他日后的辉煌。

1882年，26岁的考拉尔来到斯特林镇，在一所学校做老师。考拉尔酷爱读书，但他发现，偌大的斯特林镇居然没有一家像样的、专门的书店，书只有在百货商店才能偶尔零星地见到。考拉尔灵机一动，自己为什么不开一家书店呢？这样，既满足了自己读书的需求，赚了钱还可以补贴家用，何乐而不为？

考拉尔把自己的想法跟新婚妻子说了，妻子也非常赞成。于是没多久，考拉尔的名为“思想者”的书店就在斯特林镇开张了。

可是，书店的生意并没有考拉尔想象的那么好。连续几个月，书店几乎没人进来。考拉尔安慰自己，毕竟书店刚开张，生意不好也是正常的，贵在坚持，几个月不行就坚持半年，半年不行就坚持一年，甚至两年，生意总有做起来的时候。即使亏了，反正自己还要买书看，就当是自己藏书了。

抱着这种想法，考拉尔坚持了下来。

可生意还是不景气，书店经常是入不敷出。好在考拉尔和妻子都有一份工作，他们把大部分收入补贴到了书店里。很多人劝他们关门大吉。但这时，考拉尔的思想发生了巨大的转变，从原来单纯的经营，转变为呼吁和彰扬文明而经营。他说：“书店是一个城市文明的象征，是人们寻求知识的重要地方，不管书店生意如何，我都要永远开下去！”

考拉尔言出如山，一年又一年，他居然真的坚持了下来，即使在战争时期，在政局动荡时期，“思想者”依然坚持每天开门迎客。

1948年，考拉尔在他的书店里去世，享年92岁。考拉尔的孙子继承了他的书店。考拉尔临终前留下遗言：“无论如何，都要把

‘思想者’开下去。”考拉尔的孙子遵从了祖父的话。好在那时斯特林镇改镇为市，人口越来越多，城镇面积越来越大，书店的生意也还可以养家糊口。

“思想者”的辉煌出现在2004年。这一年斯特林市参加全球50个文明城市的竞选，在激烈的竞争中，斯特林市渐落下风。这时，有人向市长提到了“思想者”，市长眼睛顿时一亮。当他把“百年老书店”的旗号打出去后，斯特林市果然过关斩将，不但入选，而且名次进入前十。

一时间，考拉尔和他的“思想者”名扬四海。来自世界各地的书友、游客以及信函纷至沓来。这时的“思想者”，不但是家大型书店，而且成为一个著名的旅游景点，来这里的人都要买几本盖着“思想者”销售戳的书回去。“思想者”的年销售额已达几百万美元，为考拉尔家族带来了滚滚财富，这还不包括那些一百多年前的全新的库存书，那已经成为收藏家追捧的宝藏。

2006年，考拉尔的曾曾孙接手了“思想者”，他对书店一百多年的经营作了详尽的调查统计。他发现，在考拉尔经营的66年间，赚钱的年份为9年，持平的年份为17年，其余的40年都在亏损。

考拉尔的曾曾孙动情地说：“面对这样的经营，不知道有几个人能够坚持？我无法想象我的曾祖是如何度过那段岁月的，就像他绝对没想到今天他的书店会发财。事实上，他只是在一个思想贫瘠的时代为文明而苦苦坚守！”

世上的事情都是如此，只要方向对了，不管期间的经历有多么艰难和不顺，你都要坚持下去。往往，再多一点努力和坚持便可以收获到意想不到的成功。所以无论何时，我们都应该信心百倍地去全力争取人生的幸福和成功，坚持到底，绝不轻易放弃。

如果你想要，那就要等得起

人生可以失去很多东西，却绝不能失去希望。只要心存希望，总有奇迹发生，希望虽然渺茫，但它永存人间。

美国作家欧·亨利在他的小说《最后一片叶子》里讲了个故事：病房里，一个生命垂危的病人从房间里看见窗外的一棵树，在秋风中树叶一片片地掉落下来。病人望着眼前的萧萧落叶，身体也随之每况愈下，一天不如一天。她说："当树叶全部掉光时，我也就要死了。"一位老画家得知后，用彩笔画了一片叶脉青翠的树叶挂在树枝上。最后一片叶子始终没掉下来。

只因为生命中的这片绿，病人竟奇迹般地活了下来。

人生可以失去很多东西，却绝不能失去希望。只要心存希望，总有奇迹发生，希望虽然渺茫，但它永存人间。

所以，当你遇到困境的时候，你一定要相信你自己，给自己希望，这样才能柳暗花明，走出困境。

有两个盲人靠说书弹弦谋生，老者是师傅，幼者是徒弟。徒弟整天唉声叹气，也无法学好手艺。因为眼盲，他甚至常常失去生活的勇气。一天，师傅病了，在临终前，他对徒弟说："我这里有一张复明的药方，我将它封进你的琴槽中，当你弹断1000根琴弦的时候，你才能取出药方。记住，你弹断每一根弦时必须是尽心尽力的。否则，再灵的药方也会失去效用。"徒弟牢记师傅的遗嘱，他一直为实现复明的梦想而弹弦不止。

50年过去了，徒弟已皓发银须，一声脆响，徒弟终于弹断了第1000根琴弦，他直向城中的药铺赶去。当他满怀期望地等着取

回草药时，掌柜的告诉他，那是一张白纸。他明白了师傅的用意，他学到了手艺，这就是药方，有了手艺他就有了生存的勇气。他努力地说书弹弦，成了名艺人，受人尊敬。直到95岁高龄时，他才抱着三弦含笑告别人世。

前途比现实重要，希望比现在重要。任何时候，都不应该放弃希望，因为它是创造成功、创造未来的“点金石”。

人生不能没有希望，所以无论我们身陷怎样的逆境，我们都不应该绝望。失望时萌生希望，能驱散心中的浓雾，拥抱一片湛蓝的晴空。让我们带着希望生活，活出一个最好的自己。

只要把希望种在心里，即使一粒最普通的种子，也能长出奇迹！

培植出白色的金盏花非常困难，让专家都望而却步，而一位不懂遗传学的老人却取得了成功。这是为什么呢？且往下看完这个故事。

当年，美国一家报纸曾刊登了一则园艺所重金悬赏征求纯白金盏花的启事，一时引起轰动。高额的奖金让许多人趋之若鹜。但是，在千姿百态的自然界中，金盏花除了金色的就是棕色的，要培植出白色的，不是一件容易的事。所以许多人一阵热血沸腾之后，就把那则启事抛到了九霄云外。

时间一晃就是20年。20年后很平常的一天，当年那家曾刊登启事的园艺所意外地收到了一封热情的应征信和100粒“纯白金盏花”的种子。当天，这件事就不胫而走，引起轩然大波。原来寄种子的是一位年已古稀的老人。对信中言之凿凿能开出纯白金盏花的种子，园艺所一直举棋不定，该不该验证一时成了争论的焦点。有人说，绝不应该辜负了一位老人的心意。那些种子终于得以落土生根。奇迹是在一年之后才出现的，一大片纯白色的金盏花在微风中

摇曳生韵。

一直默默无闻的老人因此成了新的焦点。原来，老人是一个地地道道的爱花人。20年前，她偶然看到那则启事，怦然心动。她的决定却遭到她8个儿女的一致反对。毕竟，一个压根儿就不懂种子遗传学的人是很难完成专家都不能完成的事，她的想法岂不是痴人说梦！但她痴心不改，义无返顾地干了下去。她撒下了一些最普通的种子，精心侍弄。一年之后，金盏花开了。她从那些金色的、棕色的花中挑选了一朵颜色最淡的，任其自然枯萎，以取得最好的种子。次年，她又把它们种下去。然后，再从许多花中挑选出颜色更淡的花的种子栽种……日复一日，年复一年，春种秋收，周而复始，老人的丈夫去世了，儿女远走了，生活中发生了很多的事，但唯有种出白色金盏花的愿望在她的心中牢牢地扎下了根。终于，在20年后的一天，她在园中看到一朵金盏花，是如银如雪的白。一个连专家都解决不了的问题，在一个不懂遗传学的老人手中迎刃而解，这不是奇迹吗?

漫漫人生，难免会遇到荆棘和坎坷，但风雨过后，一定会有美丽的彩虹。所以，任何时候你都要抱乐观的心态，都不要丧失希望。要知道，失败不是生活的全部，挫折只是人生的插曲。虽然机遇总是飘忽不定，但只要你坚持，保持乐观，你就能永远拥有希望。即使一生不如意，但有希望相伴也是幸福。

可以不成功，但一定要成长

人生旅途中，似乎不总是那么一帆风顺、如愿如期，总有一些或多或少的困难与挫折，家家有本难念的经嘛！既然上天给了我们

一次锻炼与考验的机会，那我们又何必那么吝啬，畏首畏尾，退避三舍呢？与其在那儿蜷缩手脚、闷闷不乐，倒不如在逆境中顽强拼搏，急流勇退。或许我们能改变现状，毕竟是“山重水复疑无路，柳暗花明又一村”，天无绝人之路。当老天为你关闭这扇窗，必定也为你打开了另一扇窗，只是你缺少睿智的眼睛。

一位父亲很为他的孩子苦恼。因为他的儿子已经十五六岁了，可是一点男子气概都没有。于是，父亲去拜访一位禅师，请他训练自己的孩子。

禅师说：“你把孩子留在我这边，3 个月以后，我一定可以把他训练成真正的男人。不过，这 3 个月里面，你不可以来看他。”父亲同意了。

3 个月后，父亲来接孩子。禅师安排孩子和一个空手道教练进行一场比赛，以展示这 3 个月的训练成果。

教练一出手，孩子便应声倒地。他站起来继续迎接挑战，但马上又被打倒，他就又站起来……就这样来来回回一共 16 次。

禅师问父亲：“你觉得你孩子的表现够不够男子气概？”

父亲说：“我简直羞愧死了！想不到我送他来这里受训 3 个月，看到的结果是他这么不经打，被人一打就倒。”

禅师说：“我很遗憾你只看到表面的胜负。你有没有看到你儿子那种倒下去立刻又站起来的勇气和毅力呢？这才是真正的男子气概啊！”

不断地倒下，再不断地爬起，正是在这种磕磕碰碰中我们成长了。故事中男子汉的气概并不是表现在我们跌倒的次数比别人少，而是在于，每次跌倒后，我们都有爬起来再次面对困难的勇气和不达目的誓不罢休的毅力。

每个人都在成长，这种成长是一个不断发展的动态过程。也许你在某种场合和时期达到了一种平衡，而平衡是短暂的，可能瞬间即逝，不断被打破。成长是无止境的，生活中很多东西是难以把握的，但是成长是可以把握的，这是对自己的承诺。也许我们再努力也成为不了刘翔，但我们仍然能享受奔跑。可能会有人妨碍你的成功，却没人能阻止你的成长。换句话说，这一辈子你可以不成功，但是不能不成长。

抑郁症、躁郁症正威胁着现代人，仍有许多人无法坦然面对。但有谁想得到，曾两度夺得香港电影金像奖最佳导演的尔冬升原来也曾受抑郁症的折磨。不过，他就是从那时开始才学会成长，从而一步步走向成熟，拍出了《旺角黑夜》这样成功的电影。

面对激烈的竞争、种种挑战和痛苦，我们唯一能做的就是迅速充实自己，成长起来，只有这样，才不会被困难和挑战击倒。在逆境中学会成长，姑且看成是上天对我们“特别”的关怀，对我们的怜悯与施舍，我们也应做出成绩，做出榜样。在逆境中提升人格的力量，磨砺性格的力量，增强信念的力量，最后交织融合，升华自己生命的力量。

逆境不但不会把人打倒与压跨，反而能让人的潜能最大限度地迸发出来，创造出乎预料的奇迹。张海迪、霍金……他们都是在困难挫折面前，顽强奋发，自力更生，最终战胜磨难，实现了个人的价值。是啊！不经历风雨怎能见彩虹，“不经一番寒彻骨，哪得梅花扑鼻香”。逆境在某种程度上能造就我们的成功。

允许自己犯错，学会在逆境中成长，我们的羽翼会更加丰满，便能飞向天涯海角；我们的心胸会更加宽广，便能容纳百川，吸吮万千；我们的双臂会更加结实与厚重，便能承载千山万水、艰浪险滩。

低谷的短暂停留，是为了向更高峰攀登

随着最后一棒雷扎克触壁，美国队在北京奥运会游泳男子4×100米混合泳接力比赛中夺冠了，并打破了世界纪录！泳池旁的菲尔普斯激动得跳起来，和队友们紧紧拥抱在一起。这也是菲尔普斯本人在北京奥运会上夺得的第8枚金牌，可谓是前无古人。菲尔普斯已经彻底超越了施皮茨，成为奥运会的新王者。

如果说一个人的一生就像一条曲线，那么，北京奥运会上的菲尔普斯无疑达到了人生的一个新高峰；如果说一个人的一生就像四季轮回，那么，北京奥运会上的菲尔普斯必定是处在灿烂热烈、光芒四射的夏季。在2008年北京的水立方，菲尔普斯创造了令人大为惊叹的八金神话，无比荣耀地登上了他人生的巅峰。

而2009年2月初，当北半球大部分国家还被冬天的低温笼罩时，从美国传出了一条让菲迷们更觉冰冷的消息，菲尔普斯吸食大麻！菲迷们伤心了，媒体哗然了，菲尔普斯竟以“大麻门”的方式再次让人们瞠目结舌。

北京奥运会后，菲尔普斯完全放弃了训练，流连于各个俱乐部、夜店，继而沉醉于赌城拉斯维加斯豪赌，私生活可谓靡烂。他也不再严格控制饮食，导致体重增加了至少6公斤。《纽约时报》说，“这是有史以来最胖的菲尔普斯，他更像是明星，而不是运动员”。

尽管“大麻门”曝光后，菲尔普斯痛心疾首，向公众真诚致歉并表示会痛改前非，很多热爱飞鱼的菲迷们都采取了宽容的态度，美国泳协也仅对菲尔普斯禁赛三个月。但事情既然发生，就不得不引发人们深深的思考。

相比于风光无限的2008年夏季，2008年底到2009年初，菲尔普斯似乎在走下坡路，他人生也似乎走进了寒冷的冬季。喜欢他的人们帮他解脱，比如年少无知、交友不慎，比如生活单调、压力过大。其实和菲尔普斯相比，现实生活中很多人的生活轨迹又何尝不是如此呢，春风得意，自我膨胀，然后屡犯错误，最后跌入人生的低谷。无论是主观原因还是客观因素，成功的背后总会有失败的影子，得意过后总会伴着失意，有顺境就有逆境，有春天也会有冬季，这似乎是人生无可置疑的辩证法。

人生就像四季，有着寒暑之分，也会有冷暖交替的变化。情场失意、工作不得志、与家人无法沟通、在同事中不被认同、亲人病危……当我们面临人生的“冬季”时，不可避免地会陷入情绪的低潮，并经常在低潮与清醒中来回摇摆。其实，当一个人处于人生中的“冬季”时，正是好好反省、重新认识自己的时候，因为在所谓清醒的时刻，往往并非是真正的清醒。不管是刻意压抑或是在潜意识中，都会在有意或无心的时候，否定了内心种种孤寂、空虚的感受，也压抑了由恐惧所引起的各种负面情绪。

当然，一般人也想过办法来解决这样的问题，有人尝试各种各样的方法，只是到了最后，还是不忘提醒自己这样的话：“书上写的、朋友说的我都懂，不过，懂是一回事，能不能做又是另外一回事！”就这样，不是畏惧改变，就是不耐于等待，而错失了反省自己的机会！

人在顺境时得意是非常自然的事情，但是能在低谷中苦中寻乐，或是让心情归于平静去认识平常疏于了解的自己，能帮助自己成长。

生活中的“冬季”就像开车遇到红灯一样，短暂的停留是为了让你放松，甚至可以看看是否走错了方向。人生是长途旅行，如果没有这种短暂的休息，也就无法精力充沛地未完的旅程。生命有高潮也有低谷，低谷的短暂停留是为了整顿自我，向更高峰攀登。

有一种成功叫锲而不舍

德国伟大诗人歌德在《浮士德》中说：“始终坚持不懈的人，最终必然能够成功。”人生的较量就是意志与智慧的较量，轻言放弃的人注定不是成功的人。

约翰尼·卡许早就有一个梦想——当一名歌手。参军后，他买了自己有生以来的第一把吉他。他开始自学弹吉他，并练习唱歌，他甚至创作了一些歌曲。服役期满后，他开始努力工作以实现当一名歌手的夙愿，可他没能马上成功。没人请他唱歌，就连电台唱片音乐书目广播员的职位他也没能得到。他只得靠挨家挨户推销各种生活用品维持生计，不过他还是坚持练唱。他组织了一个小型的歌唱小组在各个教堂、小镇上巡回演出，为歌迷们演唱。最后，他灌制的一张唱片奠定了他音乐工作的基础。他吸引了两万名以上的歌迷，金钱、荣誉、在全国电视屏幕上露面——所有这一切都属于他了。他对自己深信不疑，这使他获得了成功。

接着，卡许经受了第二次考验。经过几年的巡回演出，他被那些狂热的歌迷拖垮了，晚上须服安眠药才能入睡，而且要吃些“兴奋剂”来维持第二天的精神状态。他沾染上了一些恶习——酗酒、服用催眠镇静药和刺激兴奋性药物。他的恶习日渐严重，以致对自己失去了控制能力。他不是出现在舞台上，而是更多地出现在监狱里。到了 1967 年，他每天须吃一百多片药。

一天早晨，当他从佐治亚州的一所监狱刑满出狱时，一位行政司法长官对他说：“约翰尼·卡许，我今天要把你的钱和麻醉药都还给你，因为你比别人更明白你能充分自由地选择自己想干的事。

看，这就是你的钱和药片，你现在就把这些药片扔掉吧，否则，你就去麻醉自己，毁灭自己。你选择吧！”

卡许选择了生活。他又一次对自己的能力做了肯定，深信自己能再次成功。他回到纳什维利，并找到他的私人医生。医生不太相信他，认为他很难改掉服麻醉药的坏毛病，医生告诉他：“戒毒瘾比找上帝还难。”他并没有被医生的话吓倒，他知道“上帝”就在他心中，他决心“找到上帝”，尽管这在别人看来几乎不可能。他开始了他的第二次奋斗。他把自己锁在卧室闭门不出，一心一意要根绝毒瘾，为此他忍受了巨大的痛苦，经常做噩梦。后来在回忆这段往事时，他说，他总是觉得昏昏沉沉，好像身体里有许多玻璃球在膨胀，突然一声爆响，只觉得全身布满了玻璃碎片。当时摆在他面前的，一边是麻醉药的引诱，另一边是他奋斗目标的召唤，结果后者占了上风。九个星期以后，他恢复到原来的样子了，睡觉不再做噩梦。他努力实现自己的计划，几个月后，他重返舞台，再次引吭高歌。他不停息地奋斗，终于再一次成为超级歌星。

卡许的成功来源于什么？很简单，坚持。

一个人身处困境之中，不自强永远也不会有出头之日，仅仅一时的自强而不能长期坚持，也不会走上成功之路。因此，坚持不懈地自强，才是扭转命运的根本力量。

屡战屡败的死敌是屡败屡战

当塞洛斯·W.菲尔德从商界引退的时候，他已经积累了大量的财富。而这时他却对在大西洋中铺设海底电缆这一构想产生了极大的兴趣，这样一来欧洲和美洲就能建立电报联系。菲尔德倾其所

有来完成这一事业。前期的准备工作包括建造一条从纽约到纽芬兰圣约翰的电话线路，全长1600多千米。这其中有600多千米需要穿过一片原始森林，为此他们不得不在铺设电话线的同时修建一条穿越纽芬兰的道路。这条线路中还有220多千米要通过法国的布列塔尼，建设者们在那儿也投入了大量的人力。与此相同的还有铺设通过圣劳伦斯的电缆。

通过艰苦的努力，菲尔德得到了英国政府对他的公司的援助。但是在国会，他曾经遭到了一个很有影响力的团体的强烈反对，在参议院表决时，菲尔德的方案仅以一票的优势获得通过。英国海军派出了驻塞瓦斯托波尔舰队的旗舰“阿伽门农”号来铺设电缆，而美国则由新建的护卫舰“尼亚加拉”号来承担这一工作。但是由于一次意外，已铺设了8千米长的电缆卡在了机器里，被折断了。在第二次实验中，船只驶出320千米时，电流突然消失了，人们在甲板上焦急沮丧地来回走动，似乎死期就要来临。正当菲尔德先生要下令切断电缆的时候，电流就像它消失时那样，突然又神奇地恢复了。接下来的一个晚上，电缆以每小时9千米的速度延伸，但由于停船过于突然，船只猛烈地倾斜了一下，电缆又被卡断了。

菲尔德不是一个轻言放弃的人。他重新购买了1126千米长的电缆，委托一位精通此行的专家设计一套更好的铺设电缆的机器设备。美国和英国的发明家齐心协力地工作，最后决定从大西洋中央开始铺设两段电缆。于是两艘船开始分头工作，一艘往爱尔兰，另一艘驶往纽芬兰，每艘船都各自承担一头的铺设工作。大家希望这样能够把两个大陆连接起来。就在两艘船相距5千米时，电缆断了。人们重新连上了电缆，但是当两艘船相距130千米时，电流又消失了。电缆再次连上了，大约又铺设了320千米之后，在距“阿伽门农”号6千米处，不幸电缆又断了，“阿伽门农”号随即返回了爱尔兰海岸。

项目负责人都感到非常沮丧，公众开始怀疑，投资商开始退却。如果不是菲尔德先生不屈不挠、夜以继日、废寝忘食地工作，说服众人，整个工程项目早就被放弃了。终于开始了第三次尝试，这一次成功了，整条电缆线顺利地铺设完成。几个信号在大西洋上传送了将近1126千米之后，突然电流中断了。

大家都失去了信心，只有菲尔德先生和他的一两个朋友仍然对此抱有希望。他们继续坚持工作，并且说服了人们继续投资进行试验。一条崭新的更为高级的电缆由“大东部”号负责铺设。“大东部”号慢慢地驶向大西洋，一边前进一边铺设。一切都进行得很顺利，直到距离纽芬兰970千米处，电缆突然折断沉入海底。几次捞起电缆的尝试都失败了，这一项目也因此停顿了将近一年。但是菲尔德先生并没有被这些困难吓倒，他继续为自己的目标努力。他组建了新公司，并制造了一条当时最为先进的电缆。1866年7月13日，试验开始了，这一次他们成功地向纽约传送了信息，全文如下：

无比满足，7月27日。

我们于早上9点到达，一切顺利。感谢上帝！电缆铺设成功，运行良好。

塞洛斯·W. 菲尔德

那条旧的电缆也找到了，重新连接起来，通往纽芬兰。这两条线路现在仍在使用，而且将来也会有用。

迎上去，失败才会远离

人在顺境中，是不能修行成佛的，人只能在逆境中修行。

世间人常说的一句话是：逆境出人才。人们最出色的工作往往是在处于逆境的情况下做出的。逆境是对人生的一种考验，是对人的生活的一种磨炼。

一个人生活在世上，不可能永远走平坦的路。人生最根本的问题就是苦，“苦”有生、老、病、死苦，再加上怨憎会苦、爱离别苦、求不得苦，能看透人生最根本的问题是苦，其他还有什么比它再苦的呢?

佛曰:“逆境是增上缘。”佛陀还告诉我们:“十方三世一切佛皆以苦为良师。”没有苦不可能成道。如果一个人要想更坚强，应该接受逆境的磨炼；顺境不一定就好，逆境也不一定不好。

在顺境中修行，永远不能成佛。在我们现在生活的世界，因为有苦，所以人会努力、思考、精进，才会思变，才会改变，才会领悟。这就叫因苦成佛。

释迦牟尼佛在无量劫以前已经成佛了。可是他老人家慈悲心太重，为了教化没有恒远心、没有坚强心、没有诚恳心的众生，在雪山苦修六年，示现成佛。

生活中挫折是在所难免的，重要的不是绝对避免挫折，而是要在挫折面前采取积极进取的态度。勇敢面对艰险，不怕挫折，这是一种积极心态，更是人生必修课。

公元743年，唐朝的鉴真和尚第一次东渡，正准备从扬州扬帆出海时，不料被人诬告与海盗串通，东渡未能实现。同年年底，鉴真和同船856人第二次东渡。刚一出海，就遇到了狂风恶浪，船只被击破，船上水没腰，这次东渡又告失败。

鉴真修好船后，到了浙江沿海，又遇到狂风恶浪，船只触礁沉没，人虽上岸，但水米皆无，他们忍饥挨饿好几天，才被搭救出来，第三次东渡又遇挫折。第四次东渡因人阻拦，也未成功。

遭受挫折最为惨重的是第五次东渡。公元748年，鉴真一行345人又从扬州乘船东渡，船入深海不久，就遇上特大台风，船只受风吹浪涌漂到浙江舟山群岛附近。停泊三个星期后，鉴真再度入海，不料又误入海流。这时，风急浪高，水黑如墨，船只犹如一片竹叶，忽而被抛上小山高的浪尖，忽而陷入几丈深的波谷。

这样漂了七八天，船上的淡水用完了，每天只靠嚼点干粮充饥。口渴难忍时就喝点海水，这样苦熬了半个多月，最后飘到了海南岛最南端崖县，才侥幸上了岸。他们跋涉千里，历尽千辛万苦才回到了扬州。在路上几经磨难，63岁的鉴真身染重病，以致双目失明。即使是在这样的情况之下，鉴真东渡日本的决心丝毫未动，仍为第六次的东渡做准备，后来终于获得了成功。

逆境，对弱者是一种打击，对强者却是一种激励。逆境之所以出人才，是因为人能够正视生活中的种种困难，有迎刃而上的精神，有坚持不懈的意志。逆境是块磨刀石，它能磨砺出奋发向上的意志和百折不挠的精神，逆境是所学校，人能在这里学到丰富的人生知识。

所以，人要乐于迎接人生中的每一个逆境，这才是真正的修行之道。在实现自我追求、幸福的过程中会遇到各种逆境，我们要能够“千里云海漫漫路，虔心不移志如磐”。很多人刚开始满怀信心地踏上人生大道，但是只要一遇逢逆境就很自然地向后转，情况好点的就留在原地踏步，只有极少数的人能突破瓶颈过关斩将，他们才是真正的英雄好汉。

第八章

再牛的梦想，也抵不住傻瓜似的坚持

将来的你，一定会感谢现在努力的自己

我们之所以没有成功，很多时候是因为在通往成功的路上，我们没能耐得住寂寞，没有专注于脚下的路。

张艺谋的成功在很大程度上来源于他对电影艺术的诚挚热爱和忘我投入。正如传记作家王斌所说的那样：“超常的智慧和敏捷固然是张艺谋成功的主要因素，但惊人的勤奋和刻苦也是他成功的重要条件。”

拍《红高粱》的时候，为了表现剧情的氛围，他亲自带人去种出一块100多亩的高粱地；为了“颠轿”一场戏中轿夫们颠着轿子踏得山道尘土飞扬的镜头，张艺谋硬是让大卡车拉来十几车黄土，用筛子筛细了，撒在路上；在拍《菊豆》中杨金山溺死在大染池一场戏时，为了给摄影机找一个最好的角度，更是为了照顾老演员的身体，张艺谋自告奋勇地跳进染池充当“替身”，一次不行再来一次，直到摄影师满意为止。

我们如果还在抱怨自己的命运，还在羡慕他人的成功，就需要好好反省自身了。很多时候，你可能就输在对事业的态度上。

1986年，摄影师出身的张艺谋被吴天明点将出任《老井》一片的男主角。没有任何表演经验的张艺谋接到任务，二话没说就搬到农村去了。

他剃光了头，穿上大腰裤，露出了光脊背。在太行山一个偏僻、贫穷的山村里，他与当地乡亲同吃同住，每天一起上山干活，一起下沟担水。为了使皮肤粗糙、黝黑，他每天中午光着膀子在烈

日下曝晒；为了使双手变得粗糙，每次摄制组开会，他不坐板凳，而是学着农民的样子蹲在地上，用沙土搓揉手背；为了电影中的两个短镜头，他打猪食槽子连打了两个月；为了影片中那不足一分钟的背石镜头，张艺谋实实在在地背了两个月的石板，一天三块，每块150斤。

在拍摄过程中，张艺谋为了达到逼真的视觉效果，真跌真打，主动受罪。在拍“舍身护井”时，他真跳，摔得浑身酸疼；在拍“村落械斗”时，他真打，打得鼻青脸肿。更有甚者，在拍旺泉和巧英在井下那场戏时，为了找到垂死前那种奄奄一息的感觉，他硬是三天半滴水未沾、粒米未进，连滚带爬地拍完了全部镜头。

在通往成功的道路上，如果你能耐得住寂寞，专注于脚下的路，目的地就在你的前方，只要努力，你一定会走到终点；如果你专注于困难，始终想不到目的地就在离你不远的前方，你永远都走不到终点！

可能在人生旅途中我们会有理想也会有很多目标，但我们从来都不知道会遇到什么困难，所以你努力地朝着终点前进，你在过程中变得更自信更坚强，最终也走到了目的地。但如果你已经预测到了，我们的旅途是何等的艰辛，它困难重重，我们千方百计地去设想、规划每个可能碰到的困难，结果我们在攻克中迷失了方向，在想的过程中目的地已经离我们太远了。

宁可做了失败，也别不做后悔

生活中，很多事情你越是想远离痛苦就越觉得痛苦，越是想要放弃或逃避越是逃脱不了：父母生活在社会的底层，不能做你强有力的靠山，还要你赚钱贴补家用；你没有过人的才华，不懂得为人处世的技巧，在办公室里，你要小心翼翼地做人，唯恐一时失言把别人得罪了；你没有漂亮的脸蛋、魔鬼的身材，走在人群当中，你不知道该用怎样的资本去高昂头颅，展露属于自己的那份自信……

其实，逆风的方向，更适合飞翔。“我不怕美神阻挡，只怕自己投降。”一个人无论面对怎样的环境，面对再大的困难，都不能放弃自己的信念，放弃对生活的热爱。很多时候，打败自己的不是外部环境，而是你自己。

只要一息尚存，我们就要追求、奋斗。那么，即便遭遇再大的困难，我们都一定能化解、克服，并于逆风之处扶摇直上，做到“人在低处也飞扬”。

现今，日本国民中广为传颂着一个动人的小故事：

许多年前，一个妙龄少女来到东京酒店当服务员。这是她的第一份工作，因此她很激动，暗下决心：一定要好好干！她想不到：上司安排她洗厕所！洗厕所！实话实说没人爱干，何况她从未干过粗重的活儿，细皮嫩肉，喜爱洁净，干得了吗？她陷入了困惑、苦恼之中，也哭过鼻子。这时，她面临着人生的一大抉择：是继续干下去，还是另谋职业？继续干下去——太难了！另谋职业——知难而退？人生之路岂有退堂鼓可打？她不甘心就这样败下阵来，因为她曾下过决心：人生第一步一定要走好，马虎不得！这时，同单位一位前辈及时地出现在她面前，他帮她摆脱了困惑、苦恼，帮她迈好这人生第一步，更重要的是帮她认清了人生路应该如何走。但他并没有用空洞理论去说教，而是亲自做给她看。

首先，他一遍遍地抹洗着马桶，直到抹洗得光洁如新；然后，他从马桶里盛了一杯水，一饮而尽喝了下去！竟然毫不勉强。实际

行动胜过万语千言，他不用一言一语就告诉了少女一个极为朴素、极为简单的真理：光洁如新，要点在于“新”，新则不脏，因为不会有人认为新马桶脏，也因为马桶中的水是不脏的，是可以喝的；反过来讲，只有马桶中的水达到可以喝的洁净程度，才算是把马桶抹洗得“光洁如新”了，而这一点已被证明可以办得到。

同时，他送给她一个含蓄的、富有深意的微笑，送给她关注的、鼓励的目光。这已经够用了，因为她早已激动得几乎不能自持，从身体到灵魂都在震颤。她目瞪口呆、热泪盈眶、恍然大悟、如梦初醒！她痛下决心：

“就算一生洗厕所，也要做一名洗厕所最出色的人！”

从此，她成为一个全新的、振奋的人；从此，她的工作质量也达到了那位前辈的高水平，当然她也多次喝过马桶水，为了检验自己的自信心，为了证实自己的工作质量，也为了强化自己的敬业心。

她的名字叫野田圣子——日本前邮政大臣。

野田圣子坚定不移的人生信念，表现为她强烈的敬业心：“就算一生洗厕所，也要做一名洗厕所最出色的人。”这一点就是她成功的奥秘之所在；这一点使她几十年来一直奋进在成功路上；这一点使她从卑微中逐渐崛起，直至拥有了成功的人生。

缺点并不可怕，平凡也不是闪光的坟墓。人生之中，无论我们处于何种在他人看来卑微的境地，我们都不必自暴自弃，只要我们能耐得住寂寞，心中有渴望崛起的信念，只要我们能坚定不移地笑对生活，那么，我们一定能为自己开创一个辉煌美好的未来！

看不清未来，就把握好现在

当我们不具备成功的天赋时，只有脚踏实地，才能让自己站稳脚跟。正如山崖上的松柏，经过无数暴风雪的洗礼，只有坚定地盘固于土地，它们才长成坚固的树干。

一个人若不敢向命运挑战，不敢在生活中开创自己的蓝天，命运给予他的也许仅是一个枯井的地盘，举目所见将只是蛛网和尘埃，充耳所闻的也只是唧唧虫鸣。

所以，成功需要付出，希望需要汗水来实现，人生需要勤奋来铸就。

在美国，有无数感人肺腑、催人奋进的故事，主人公胸怀大志，尽管他们出身卑微，但他们以顽强的意志、勤奋的精神努力奋斗，锲而不舍，最终获得了成功。林肯就是其中的一位。

幼年时代，林肯住在一所极其简陋的茅草屋里，没有窗户，也没有地板，用当代人的居住标准来看，他简直就是生活在荒郊野外。但是他并没放弃希望，为了希望他流再多的汗水也不会后悔。当时他的住所离学校非常远，一些生活必需品都相当缺乏，更谈不上可供阅读的报纸和书籍了。

然而，就是在这种情况下，他每天还持之以恒地走二三十里路去上学。晚上，他只能靠着木柴燃烧发出的微弱火光来阅读……

众所周知，林肯成长于艰苦的环境中，只受过一年的学校教育，但他努力奋斗、自强不息，最终成为美国历史上最伟大的总统之一。

任何人都要经过不懈努力才可能有所收获。世界上没有机缘巧合这样的事存在，唯有脚踏实地、努力奋斗才能收获美丽的奇迹。

亨利·福特从一所普通的大学毕业之后，便开始四处奔波求职，但均以失败告终。福特没有丧失对生活的希望，他依旧信心十足，自强不息、永不气馁。

为了找一份好工作，他四处奔走。为了拥有一间安静、宽敞的实验室，他和妻子经常搬家。短短的几年时间里，夫妻俩到底搬过几次家连他们自己也说不清了，但他们依旧乐此不疲。因为每一次搬迁，夫妇俩都有新的收获。贫困和挫折不仅磨炼了福特坚韧的性格，也锻炼了他的耐力和恒心，更使他有机会熟悉社会、了解人生，为未来新的冲刺做好了思想和技术的准备。

尽管贫困和挫折给他增添了不少的麻烦，但为了理想福特依然勤奋努力着，依然奋力拼搏着。功夫不负有心人，福特自强不息的精神和奋不顾身的打拼终于得到了回报。他应聘到爱迪生照明公司主发电站负责修理蒸气引擎，终于实现了自己的心愿。不久，他又因为工作出色，被提升为主管工程师。

坚定自强不息的信念，让它深深地根植于你的心中，它就会激发你各方面的潜能，使你勇敢面对工作中的一切困难和障碍。

努力把自己的事做得更好，就是一种创造！厨师把菜做得更美味可口，裁缝把衣服做得更美观耐穿，建筑师盖出更舒适的房屋，司机开车更安全，作家努力写出更好的文章，都会为自己带来幸运，同时也为他人带来幸福。

无论是在生活中还是在工作中，都需要我们脚踏实地，时时衡量自己的实力，不断调整自己的方向，一步一步达到自己的目标。

心失衡，世界就会倾斜

我们所拥有的并不是太少，而是欲望太多，一旦落入欲望的圈套，再强的抵抗能力都会被瓦解。

水中垂着一个钓饵，装的是一块新鲜的虾肉。

一条鲫鱼游过来了。它看了一眼钓饵：真不错，是块美味的东西。可是警惕的鲫鱼是不会轻易上当的，它记得有不少同伴，就是因为贪吃钓饵而断送了性命。因此，它小心翼翼地向这块食物看了又看。

“这准是钓饵，不能吃。”鲫鱼赶紧游开了。

鲫鱼找了半天也找不到其他吃的，过了一会儿，又游回到这个钓饵旁边。

饥饿使它不得不对这块诱人的食物又进行了一番研究和观察。

“不行，绝不能上当！这块东西一定是钓饵。”鲫鱼警告自己，随即又游开了。

鲫鱼游了没多远，心里老记挂着那块鲜美的东西。不一会儿，又游回来了。

它再一次仔细地观察和分析着这块令人垂涎的美味。

“哦，看来似乎没有什么危险吧，让我试它一试。”鲫鱼便用尾巴打了一下钓饵。

钓饵在水中荡了几下，又垂挂在那儿纹丝不动。

“看来没什么问题。”鲫鱼想，“难道就白白放弃这样一块美味可口的东西？那不是太可惜了吗？”

鲫鱼犹豫不决，考虑再三。

“哎哟！肚子这样饿，眼看着这鲜美的食物不吃，可真难受啊！”鲫鱼在钓饵旁边转来转去，“上帝保佑吧！让我冒一次险，仅仅这一次。说不定是我自己过于谨慎了，其实一点危险也没有呢！”

这时候，鲫鱼看见远处有一条鲤鱼向它这儿游过来。

“快，再要迟疑，这美味的东西将是别人腹中之物了！”

说着，鲫鱼扑上去，张开大嘴把那块食物吞了下去。

“哎哟！我的妈……”

钓竿一提，鲫鱼上钩了。

不能抵抗人性弱点的诱导，让精神软化，势必不能主宰自我。鲫鱼终于没有抵抗住

美味的诱惑，成为垂钓者的猎物。鲫鱼原本是小心谨慎的，只是因为欲望太盛，才沦为欲望的奴隶。

人常常也是如此，人的私心与贪欲常常使自己重重地跌倒在“欲望”的旋涡里。

事实上，我们所拥有的并不是太少，而是欲望太多。欲望使我们感到不满足、不快乐；欲望解除了我们的思想武装，使我们最终任人摆布。

鱼有水才能自在地优游嬉戏，但是它们忘记自己置身于水；鸟借风力才能自由翱翔，但是它们却不知道自己置身风中。人如果能看清此中道理，就可以超然置身于物欲的诱惑之外，获得人生的乐趣。

不可否认，在这个灯红酒绿的社会，物质的诱惑何其多，你若能够沉下心来对抗心底的那份寂寞，坦然面对，不忘乎所以，那么你就不会被身外之物所苦，不被身外之物所累，在正确的道路上一往无前。

成功就是坚持，且拒绝浮躁

随着CPI上涨、房价暴涨、股市暴跌，在我们的心灵深处，总有一种力量使我们茫然不安，让我们无法宁静，这种力量叫浮躁。“浮躁”在字典里解释为：“急躁，不沉稳。”浮躁常常表现为：心浮气躁，心神不宁；自寻烦恼，喜怒无常；见异思迁，盲动冒险；患得患失，不安分守己；这山望着那山高，既要鱼也要熊掌；静不下心来，耐不住寂寞，稍不如意就轻易放弃，从来不肯为一件事倾尽全力。

随着经济发展如浪潮般步步攀高，这种浮躁的气息在社会中蔓延，几乎触及了参与其中的每一个人。很多人都想成功，却总是被成功拒之门外。

有一个人叫小付，他看到有人要将一块木板钉在树上，便走过去管闲事，想要帮那个人一把。小付对那人说：“你应该先把木板头子锯掉再钉上去。”于是，小付找来锯子，但没锯两三下又撒手了，想把锯子磨快些。于是他又去找锉刀，接着又发现必须先在锉刀上安一个顺手的手柄。于是，他又去灌木丛中寻找小树，可砍树又得先磨快斧头……

后来人们发现，小付无论学什么都是半途而废。小付从未获得过什么学位，他所受过的教育也始终没有用武之地，但他的祖辈为他留下了一些本钱。他拿出10万元投资办一家煤气厂，可造煤气所需的煤炭价钱昂贵，这使他大为亏本。于是，他以9万元的售价把煤气厂转让出去，开办起煤矿来。可又不走运，因为采矿机械的耗资大得吓人。因此，小付把在矿里拥有的股份变卖成8万元，转

入了煤矿机器制造业。从那以后，他便像一个滑冰者，在有关的各种工业部门中滑进滑出，没完没了。

正如小付困惑的那样，为什么自己付出那么多，终究一事无成呢？答案很简单，小付总是这山望着那山高，急于追求更高的目标，而不是在一个既定的目标上下功夫。要知道，摩天大厦也是从打地基开始的。小付这种浮躁的心态只能导致他最后落个两手空空。

很多人在做事情的时候不能静下心来扎扎实实地从基础开始，总是觉得踏踏实实地做事情的方法很笨，于是做什么事情都求快，想以最小的付出获得最大的利益，浮躁的心态让人不会专注地做一件事情，所以也就很难成功。在人生的牌局中，要想赢牌，浮躁就是最大的敌人。

《士兵突击》中，许三多显然是一个“异类”，他不明白做人做事为什么要如此复杂，一切投机取巧、偷奸耍滑的世故做法，他都做不来，或者根本就没有想过。他有的只是本性的憨厚与刻入骨髓的执着。他做每一件小事都像抓住一根救命稻草一样，投入自己所有的能量和智慧，把事情做到最好，他这样做并不是为了得到旁人的赞赏与关注，只是因为这是有意义的。他面对困难从来不说“放弃”，而是默默地承受，慢慢地解决，毫无抱怨，绝不气馁。当一个又一个问题被他以执着的劲头解决之后，他俨然成长为了一个巨人。他不会面对诱惑放弃忠诚，当老 A 部队的队长向他发出邀请时，许三多用一句“我是钢七连的第 4956 个兵”作出了态度鲜明的回答。

“许三多”已成为家喻户晓的人物形象，他被定格为一种沉稳、踏实的文化符号，成为“浮躁”的反义词。毛主席曾经教导我们说：“世界上怕就怕‘认真’二字。”如果我们能安下心来认真做一件事情，就没有做不好的。很多人开始做事情时会满腔热血，但慢慢地这种热情会消退，最后就会被完全放弃。是什么原因让那么多人半途而废呢？是急于求成、不愿直面困难的浮躁心理。很多人好高骛远，总是急于看到事情的结果，而不能忍受事情完成的过程，当他们觉得这些事情没有意义时，于是选择了放弃。

古往今来，那些成大器者，无不是沉稳、干练、能够耐得住寂寞的人。

浮躁是一种情绪，一种并不可取的生活态度。人浮躁了，会终日处在又忙又烦的应急状态中，脾气会暴躁，神经会紧绷，长久下来，会被生活的急流所挟裹。凡成事者，要心存高远，更要脚踏实地，这个道理并不难懂。

踏实、沉稳，心平气和、不急不躁，抛开浮躁的心态，从身边的小事做起，脚踏实地地坚持，坚忍不拔地努力，我们才有可能达成人生的目标，走到成功的那一步。

梦想带来希望，妄想带入绝境

传说中，西西里岛附近海域有一座塞壬岛，长着鹰的翅膀的塞壬女妖日日夜夜唱着动人的魔歌引诱过往的船只。在古希腊神话中，特洛伊战争的英雄奥得修斯曾路过塞壬女妖居住的海岛。之前早就听说过女妖善于用美妙的歌声勾人魂魄，而登陆的人总是要死亡。奥得修斯嘱咐同伴们用腊封住耳朵，免得他们被女妖的歌声所诱惑，而他自己却没有塞住耳朵，他想听听女妖的声音到底有多美。为了防止意外发生，他让同伴们把自己绑在桅杆上，并告诉他们千万不要在中途给他松绑，而且他越是央求，他们越要把他绑得

更紧。

果然，船行到中途时，奥得修斯看到几个衣着华丽的美女翩翩而来，她们声音如莺歌燕啼，婉转跌宕，动人心弦。听着这美妙的歌声，奥得修斯心中顿时燃起熊熊烈火，他急于奔向她们，大声喊着让同伴们放他下来。但同伴们根本听不见他在说什么，他们仍然在奋力向前划船。有一位叫欧律罗科斯的同伴看到了他的挣扎，知道他此刻正在遭受着诱惑的煎熬，于是走上前，把他绑得更紧。就这样，他们终于顺利通过了女妖居住的海岛。

这是一个很熟悉的传说，不过它正在越来越多地被运用到情商（EQ）上作为自制能力成功的正面范例。似乎有越来越多的例子证明，能够耐得住寂寞的人比较容易成功。哈佛大学心理学家丹尼尔·戈尔曼的《情商》一书，把情绪智力（也称情商）定义为“能认识自己和他人的感觉，自我激励，以及很好地控制自己在人际交往中的情绪的能力。”情商分为五种情绪能力和社会能力：自知、移情、自律、自强和社交技巧。自知，意味着知道自己当前的感受。因为我们整天都忙忙碌碌，所以就无暇顾及反省和自知。一个人的自我形象与其在他人眼中的形象越一致，他的人际关系就越成功。情商的第二个组成部分（移情），能培养我们的同情心和无私精神，并能带来合作。情商的第三部分是控制自己情绪的能力。情商高的人能更好地从人生的挫折和低潮中恢复过来。第四部分是自强。自强的人能够很好地控制情绪，不靠冲击或刺激就能采取行动。最后，社交技巧指的是通过与他人友好地交流来掌握人际关系的能力。一个高智商的人，完全可以与一个低智商但有着高水平交往技巧的人很好地合作。

戈尔曼和研究人员针对 4 岁小孩子成长过程中对诱惑的控制

来说明抵制诱惑、强烈自制的重要性，以及和个人成功的关系。调查表明，那些在四岁时能以坚忍换得第二颗软糖的孩子常成为适应性较强、冒险精神较强、比较受人喜欢、比较自信、比较独立的少年；而那些在早年经不起软糖诱惑的孩子则更可能成为孤僻、易受挫、固执的少年，他们往往屈从于压力并逃避挑战。对这些孩子分两级进行学术能力倾向测试的结果表明，那些在软糖实验中坚持时间较长的孩子的平均得分高达210分。研究还发现，那些能够为获得更多的软糖而等待得更久的孩子要比那些缺乏耐心的孩子更容易获得成功，他们的学习成绩要相对好一些。在后来的几十年的跟踪观察中发现，有耐心的孩子在事业上的表现也较为出色。

在一粒芝麻与一个西瓜之间，你一定明白什么是明智的选择。如果某种诱惑能满足你当前的需要，但却会妨碍达到更大的成功或长久的幸福。那就请你屏神静气，站稳立场，耐得住寂寞。一个人是这样，一个企业、一个社会也是这样。

辉煌的背后，总有一颗努力拼搏的心

2009年的春节联欢晚会上，和小品大师赵本山一起合作表演小品《不差钱》的演员“小沈阳”沈鹤，一夜之间红遍中国。他的那几句台词也成为很多人模仿的样本：“人这一生其实可短暂了，有时候一想跟睡觉是一样儿一样儿的。眼睛一闭，一睁，一天过去了，眼睛一闭，不睁，这一辈子就过去了。”“人不能把钱看得太重，钱乃身外之物。人生最痛苦的事情你知道是什么吗？人死了，钱没花了。”

沈鹤靠着春晚迅速蹿红，一时之间全国各大媒体上都会看见小

沈阳的影子，不论是赞扬的还是质疑的，但无可厚非的一个事实就是他的表演起码已经被大部分的电视观众所接受。这么快的蹿红对于一个艺人来说是求之不得的事情，但是在光鲜的背后，小沈阳也有着心酸的回忆。

小沈阳家境贫寒，他很早就辍学了。为了将来有口饭吃，他曾经学过武术，但发现不适合自己，最终他选择了二人转，报考了铁岭县剧团。学成之后，他又去了长春小剧场进行表演，这一演就是七年。七年之后，赵本山接纳了他，收他为徒，从此他跟着赵本山认真学艺，直到 2009 年被更多的人认识。

早在 2008 年的时候，沈鹤其实已经“进军”春晚，但是几个回合下来，他的节目被刷下来了。而他的节目本来打算上央视的元宵晚会，但是又临时被取消了，当时的沈鹤这样对自己说，连大艺术家都有被刷下的可能，更何况自己呢？他依旧努力跟师傅赵本山学习二人转，学习表演。直到 2009 年，他终于踏入春晚的大门，并且真正地红了。

如今的小沈阳是令人羡慕的，就像有人说的那样，很多人关心的只是我们跑得快不快，而很少有人关心我们跑得累不累。在这一行，如果出名了，你大红大紫；如果不出名，那么，便只是一个默默在后面跑台的小角色，不会有人注意你，你的去留没有人在乎。所以，在每一个出人头地者的背后，不知道隐藏了多少委屈和艰辛的泪水。

香港喜剧大王周星驰也是一样，在成名之前，他自己一个人默默地奋斗着，对于自己追逐的梦想从没想过要放弃。在他的好友梁朝伟已经春风得意的时候，他却在《射雕英雄传》里饰演一个刚一出场就被打死的士兵。他甚至问导演，在死之前伸出手去挡一下可以吗？

他在演艺这条道路上默默地前行、摸索。今天的周星驰已不可同日而语，他算得上是香港电影史上的里程碑，他开创了周氏幽默。凡是讲到香港电影史，一定不能落下周星驰的电影，它是一个时代的标志，是香港喜剧的集大成者。

那些仍然在黑暗中努力拼搏的人们，千万不要丧失了信心，失去前进的动力。任何成功都充满着艰辛，或许，再坚持一会儿，你就会看到前面灿烂的阳光；或许再坚持一会儿，人生就会改变。

许多人做事时非常努力，却坚持不到最后。其实，若心中有梦，总会有实现的那一天，哪怕现在我们仍在黑暗中摸爬滚打，哪怕别人认为我们现在是如何的不起眼，没有关系，只要自己相信自己，付出努力，坚持向着梦想的方向努力，就会让我们心中的幼芽开花、结果。

请一条路走到底

幸运、成功永远只能属于辛劳的人，有恒心不易变动的人，能坚持到底、绝不轻言放弃的人。耐性与恒心是实现目标过程中不可缺少的条件，是发挥潜能的必要因素。耐性、恒心与追求结合之后，形成了百折不挠的巨大力量。

一位青年问著名的小提琴家格拉迪尼：“你用了多长时间学琴？”格拉迪尼回答：“20 年，每天 12 小时。”

我们与大千世界相比，或许微不足道，不为人知，但是我们能够耐心地增长自己的学识和能力，当我们成熟的那一刻、一展所能的那一刻，将会有惊人的成就。正如布尔沃所说的：“恒心与忍耐力是征服者的灵魂，它是人类反抗命运、个人反抗世界、灵魂反抗

物质的最有力支持。从社会的角度看，考虑到它对种族问题和社会制度的影响，其重要性无论怎样强调也不为过。”

凡事没有耐性，耐不住寂寞，不能持之以恒，正是很多人最后失败的原因。英国诗人布朗宁写道：

实事求是的人要找一件小事做，
找到事情就去做。
空腹高心的人要找一件大事做，
没有找到则身已故。
实事求是的人做了一件又一件，
不久就做一百件。
空腹高心的人一下要做百万件，
结果一件也未实现。

拥有耐力和恒心，虽然不一定能使我们事事成功，但却绝不会令我们事事失败。古巴比伦富翁拥有恒久的财富秘诀之一，便是保持足够的耐心，坚定发财的意志，所以他才有能力建设自己的家园。任何成就都来源于持久不懈地努力，要把人生看作一场持久的马拉松。整个过程虽然很漫长、很劳累，但在挥洒汗水的时候，我们已经慢慢接近了成功的终点。半路放弃，我们就必须要找到新的起点，那样我们只会更加迷失，可是如果能坚持原路行进，终点不会弃我们而去。也许，我们每个人的心里都有一个执着的愿望，只是一不小心把它丢失在了时间的蹉跎里，让天下间最容易的事变成了最难的事。然而，天下事最难的不过十分之一，能做成的有十分之九。要想成就大事大业的人，尤其要有恒心来成就它，要以坚忍不拔的毅力、百折不挠的精神、排除纷繁复杂的耐性、坚贞不变的气质，作为涵养恒心的要素，去实现人生的目标。

没有梦想的人生让人无所适从

别人的人生再辉煌，你也感受不到任何光和热，别人的辉煌与自己毫无关联，你所能做的就是耐住寂寞，认准自己的目标，然后一步步地向自己的目标迈进，千万不要被别人的成功晃花了眼。

在2006年之前，低调的张茵对于大众而言还是一张很陌生的面孔。一夜间，“胡润富豪榜”将这一当年中国女首富推出水面，这个颇具传奇色彩的商界红颜瞬间成为公众瞩目的焦点。

在美国《财富》杂志“2007年最有影响力商业女性50强”中，她被称为“全球最富有的白手起家的女富豪”！张茵已成为这个时代平民女性的榜样。

玖龙造纸有限公司，当这一企业红遍大江南北时，张茵也因此赢得了“废纸大王”的美誉。这个东北姑娘当年的泼辣闯劲至今还留在亲人的脑海里。

张茵出生于东北，走出校门后，做过工厂的会计，后在深圳信托公司的一个合资企业里也做过财务工作。1985年，她曾有过当时看来绝好的机遇：分配住房，年薪50万港币……然而，张茵却只身携带3万元前往香港创业，在香港的一家贸易公司做包装纸的业务。

一直指导张茵的财富法则就是做事专注而坚定。看准商机就下手，全心全意去做事。对于中国四大发明之一的传统行业——造纸业，张茵情有独钟，倾注了很多的心血：从香港到美国，再到香港，继而把战场转向家乡，扩大到全世界，她的足迹随着纸浆的流动遍布全球。最初入行的张茵以“品质第一”为本，坚决不往纸浆

里面掺水，因而触犯同行的利益吃尽了苦头，她曾接到黑社会的恐吓电话，也曾被合伙人欺骗。从未退缩的张茵凭借豪爽与公道逐渐赢得了同行的信任，废纸商贩都愿意把废纸卖给她，尽管她的粤语说得不好，但是诚信之下，沟通不是问题。

6年时间很快过去，赶上香港经济蓬勃时期的张茵不但站稳了脚跟，而且还在完成资本积累的同时，把目光投向了美国市场。因为有了在香港积累的丰富创业实践经验和一定资本，加之美国银行的支持，1990年起，张茵的中南控股（造纸原料公司）成为美国最大的造纸原料出口商，美国中南有限公司先后在美建起了7家打包厂和运输企业，其业务遍及美国、欧亚各地，在美国各行各业的出口货柜中数量排名第一。

成为美国废纸回收大王后，独具慧眼的张茵有了新的想法：做中国的废纸回收大王！1995年，玖龙纸业在广东东莞投建。12年后的今天，玖龙纸业产能已近700万吨，成为一家市值300多亿港元的国际化上市公司……

从张茵的身上，我们看到了她的专注与坚定。无论做什么事，都全身心地投入。只要全心全意想要做好一件事，无论遇到什么困难与挫折，只要沉着应对，都可以化险为夷。

有人说，挡住人前进步伐的不是贫穷或者困苦的生活环境，而是内心对自己的怀疑。但是，如果一个人内心里始终装着自己的目标，并且能够耐得住寂寞，静下心来学着为自己的目标积累能量，坚定不移地为实现自己的目标而努力，那么即使他贫穷到买不起一本书，仍然可以通过借阅来获得知识。

人若是耐不住寂寞，老是眼红别人的成就，则不免会产生愤懑之心，看不惯别人取得的成就，要么悲叹命运之苦，要么控诉社会不公，这样一来，难免会让自己陷入负面情绪当中，而影响了自己的前程。

只有坚信成功，才有机会成功

1883年，富有创造精神的工程师约翰罗布林雄心勃勃地意欲着手建造一座横跨曼哈顿和布鲁克林的桥。然而桥梁专家却说这计划纯属天方夜谭，不如趁早放弃。罗布林的儿子华盛顿，是一个很有前途的工程师，也确信这座大桥可以建成。父子俩克服了种种困难，在构思着建桥方案的同时也说服了银行家们投资该项目。

然而桥开工几个月，施工现场就发生了灾难性的事故。罗布林在事故中不幸身亡，华盛顿的大脑也严重受伤。许多人都以为这项工程因此会泡汤，因为只有罗布林父子才知道如何把大桥建成。

尽管华盛顿丧失了活动和说话的能力，但他的思维还同以往一样敏锐，他决心坚持要把父子俩费了很多心血的大桥建成。一天，他脑中忽然一闪，想出一种用他唯一能动的一个手指和别人交流的方式。他用那只手敲击他妻子的手臂，通过这种密码方式由妻子把他的设计意图转达给仍在建桥的工程师们。整整13年，华盛顿就这样坚持着用一根手指指挥工程，直到雄伟壮观的布鲁克林大桥最终落成。

无独有偶，博迪是法国的一名记者，在1995年的时候，他突然心脏病发作，导致四肢瘫痪，而且丧失了说话的能力。被病魔袭击后的博迪躺在医院的病床上，头脑清醒，但是全身的器官中，只有左眼还可以活动。可是，他并没有被病魔打倒，虽然口不能言，手不能写，他还是决心要把自己在病倒前就开始构思的作品完成并

出版。出版商便派了一个叫门迪宝的笔录员来做他的助手，每天工作 6 小时，给他的著述做笔录。

博迪只会眨眼，所以就只有通过眨动左眼与门迪宝来沟通，逐个字母逐个字母地向门迪宝背出他的腹稿，然后由门迪宝抄录出来。门迪宝每一次都要按顺序把法语的常用字母读出来，让博迪来选择，如果博迪眨一次眼，就说明字母是正确的。如果眨两次，则表示字母不对。

由于博迪是靠记忆来判断词语的，因此有时可能出现错误，有时他又要滤去记忆中多余的词语。开始时他和门迪宝并不习惯这样的沟通方式，所以中间也产生不少障碍和问题。刚开始合作时，他们两个每天用 6 个小时默录词语，每天只能录一页，后来慢慢加到 3 页。

几个月之后，他们经历艰辛终于完成这部著作。据粗略估计，为了写这本书，博迪共眨了左眼 20 多万次。这本不平凡的书有 150 页，已经出版，它的名字叫《潜水衣与蝴蝶》。

在很多时候，我们看似都缺少成功的条件。在困难面前停滞不前。似乎看不到成功的条件和未来。其实缺少成功的条件不要紧，因为条件是可以创造的。如果我们主动去创造了条件，成功就指日可待。

如果你缺少成功的条件，请记住：逆境不是你不成功的理由。